Recycling von Elektro- und Elektronikschrott

Springer
Berlin
Heidelberg
New York
Barcelona
Budapest
Hongkong
London
Mailand
Paris
Santa Clara
Singapur
Tokio

Wolfgang Koellner · Walter Fichtler

Recycling von Elektro- und Elektronikschrott

Einführung in die Wiederverwertung für Industrie, Handel und Gebietskörperschaften

Springer

Dipl.-Kfm. Wolfgang Koellner
FRANKEN ROHSTOFF GmbH
Geschäftsführer
Schweinfurter Straße 6 - 8
97526 Sennfeld

Dipl.-Ing. Walter Fichtler
FRANKEN ROHSTOFF GmbH
Langheimer Straße 15
97437 Haßfurt

ISBN-13: 978-3-642-79385-1 e-ISBN-13: 978-3-642-79384-4
DOI: 10.1007/978-3-642-79384-4

Die Deutsche Bibliothek – CiP-Einheitsaufnahme

Koellner, Wolfgang:
Receycling von Elektro- und Elektronikschrott : Einführung in die Wiederverwertung für Industrie, Handel und Gebietskörperschaften / Wolfgang Koellner ; Walter Fichtler. – Berlin ; Heidelberg ; New York ; Barcelona ; Budapest ; Hong Kong ; London ; Mailand ; Paris ; Santa Clara ; Singapur ; Tokio : Springer, 1996
ISBN 3-540-58644-x (Berlin ...)
ISBN 0-387-58644-x (New York ...)
NE: Fichtler, Walter:

Softcover reprint of the hardcover 1st edition 1996

SPIN: 10478263 62/3020 - 5 4 3 2 1 0 - Gedruckt auf säurefreiem Papier

Vorwort

Die Förderung der Kreislaufwirtschaft zur Schonung der natürlichen Ressourcen steht im Mittelpunkt des neuen Kreislaufwirtschafts- und Abfallgesetzes, das im Oktober 1996 zur Anwendung kommt. Der qualitätsgesicherten Schließung von Werkstoffkreisläufen kommt damit eine besondere Bedeutung zu. So soll auch die Verwertung gebrauchter elektrischer und elektronischer Geräte neu geregelt werden. Zur Umsetzung des Kreislaufwirtschaftsgesetzes will die Bundesregierung in dieser Legislaturperiode eine Verordnung vorlegen, mit der die Produktverantwortung der Wirtschaft für den Elektronikschrott geregelt wird. Dabei sollen Selbstverpflichtungen der Wirtschaft Vorrang haben. Die Stahl-Recycling-Wirtschaft, die auf eine mehr als hundertjährige industrielle Recyclingerfahrung zurückblikken kann, sieht in dem Elektronikschrott-Recycling ein interessantes und wachsendes Geschäftsfeld. Dies war auf für den BDS Veranlassung, bereits im Jahr 1991 eine Arbeitsgruppe Elektronikschrott zu bilden.

Bereits heute werden in diesem Bereich schon 600.000 Jahrestonnen an Stahl, der den höchsten Werkstoffanteil im Elektronikschrott darstellt, wiedergewonnen. Auch die gegenwärtigen jährlichen Recyclingraten bei den NE-Metallen mit 84.000 t Kupfer, 60.000 t Aluminium und 15.000 t sonstigen NE-Metallen sind beachtlich. Insgesamt sind in der Bundesrepublik Deutschland im Jahr 1994 rund 1,5 Mio t Elektronikschrott angefallen. Darin waren 900.000 t Gebrauchsgüter und 600.000 t Investitionsgüter enthalten. Der ZVEI schätzt, daß bereits im Jahr 1998 das Elektronikschrott-Aufkommen um ein Drittel auf 2 Mio t ansteigen wird. Die Verwerterbetriebe benötigen für so unterschiedliche Geräte, wie z.B. Fernseher, PCs oder Kopiergeräte, tragfähige Recyclinglösungen.

Das Buch von Wolfgang Koellner und Walter Fichtler gibt hier einen guten Überblick über die Grundlagen der Wiederverwertung von Elektronikschrott. Es versteht sich als eine Einführung für Industrie, Handel und Gebietskörperschaften. So werden Verfahrungstechniken zur Aufbereitung und Wiederverwertung sowie werkstofflicher und rohstofflicher Verwertung der Fraktionen des Elektronikschrotts behandelt. Außerdem werden Hinweise zur Demontage, zu den Rechtsvorschriften und zu einer wiederverwertungsgerechten Entwicklung und

Konstruktion von Elektro- und Elektronikgeräten gegeben.

Nach § 22 des neues Kreislaufwirtschafts- und Abfallgesetzes umfaßt die Produktverantwortung der Hersteller und Vertreiber auch die Rücknahme der Erzeugnisse und die umweltverträgliche Verwertung und Beseitigung der nach deren Gebrauch entstandenen Abfälle. Dabei müssen nach § 16 KrW-/AbfG die Dritten, die von den zur Verwertung und Beseitigung Verpflichteten beauftragt werden können, über die erforderliche Zuverlässigkeit verfügen.

Auf die damit verbundene Notwendigkeit von Qualitätssicherungsmaßnahmen gehen Wolfgang Koellner und Walter Fichtler ebenfalls in ihrem Buch ein. Für die Zertifizierung von Verwertungsunternehmen für elektrotechnische und elektronische Produkte stehen Kriterien zur Verfügung, die der ZVEI und der VDMA zusammen mit den Recycling-Verbänden in Deutschland entwickelt haben.

Eine Zertifizierung von Elektronikschrott-Recyclern kann allein nach den Kriterien von ZVEI und VDMA erfolgen oder unter Einschluß dieser Kriterien auch im Rahmen einer Zertifizierung von Qualitätsmanagement-Systemen, wie auf der Grundlage der GAZ-VDEh-BDS Kriterien zur Zertifizierung von Qualitätsmanagement-Systemen der Stahl-Recycling-Unternehmen. Diese Kriterien sind im Rahmen der GAZ Gesellschaft für Akkreditierung und Zertifizierung mbH erstellt worden. Erfahrungsgemäß ist eine derartige Zertifizierung bereits gegenwärtig eine notwendige Voraussetzung für Entsorgungsaufträge seitens der Industrie, des Handels und der Kommunen.

Die Verfasser dieses Werkes zeigen, daß schon heute überzeugende Lösungen für die qualitätsgesicherte Wiederverwertung von Elektronikschrott vorhanden sind. Dabei setzen sie sich für eine sinnvolle Arbeitsteilung zwischen dem mittelständischen Erfasser- und Demontagebetrieb und dem industriellen Aufbereiter ein.

Juni 1995

Rolf Willeke
Geschäftsführender Vorsitzender des
Bundesverbandes der Deutschen
Stahl-Recycling-Wirtschaft e.V. (BDS)

Inhaltsverzeichnis

1 Die Definition von Elektro- und Elektronikschrott mit Hinweisen über Wertstoff- und Schadstoffanteile

Begriffsbestimmung

Der Elektronikschrott umfaßt auch den Elektroschrott und besteht aus einer äußerst komplexen Mischung elektrischer, elektronischer und sonstiger Bauteile, die in der Elektro- und Elektronikindustrie als Produktionsabfälle oder aber beim Handel und bei den entsorgungspflichtigen Gebietskörperschaften in Form defekter oder technisch überholter, verbrauchter Altgeräte anfallen. Produktionsabfälle nennen wir Neuschrott und verbrauchte Altgeräte Altschrott.

Produktgruppen

Das Spektrum des Altschrottes, auf das sich die folgenden Betrachtungen konzentrieren, reicht von der Waschmaschine bis zum Elektrorasierer und von der Großrechenanlage bis zum Taschenrechner. Dabei bestehen die verschiedenen Geräte und Bauteile aus einem Verbund unterschiedlicher Metalle und Kunststoffe.

Konsumgüter

Während Konsumgüter einen Metallanteil von 50 % haben, steigt dieser bei den Investitionsgütern auf 74 % (siehe Bild 1 und Bild 2).

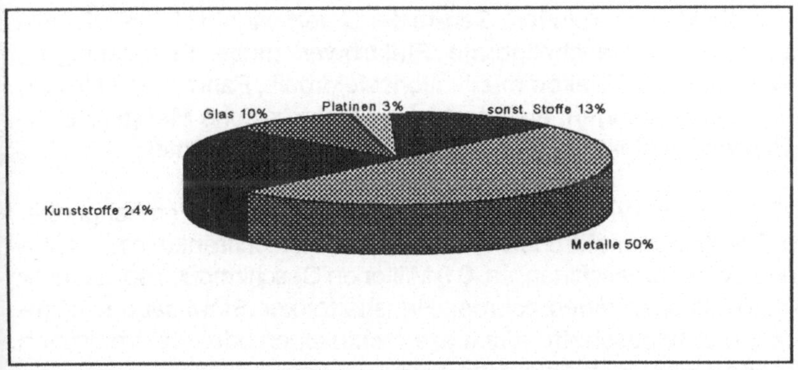

Bild 1: Inhaltsstoffe von Konsumgütern wie Haushaltkleingeräte, Rundfunk- und Fernsehgeräte sowie sonstige Heimelektronik

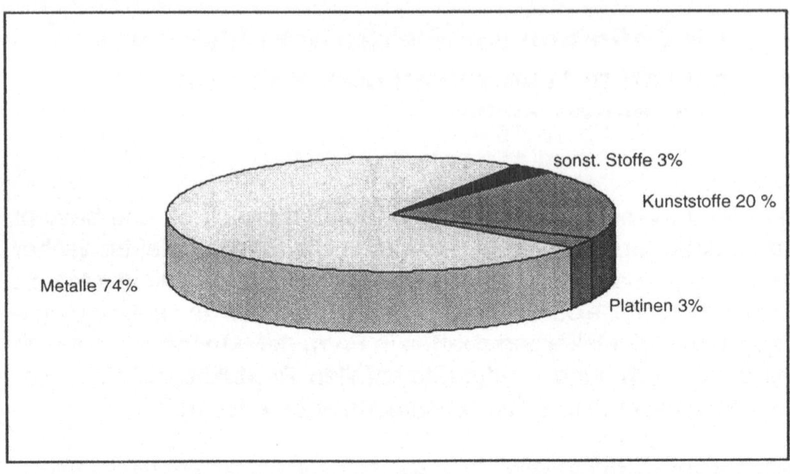

Bild 2: Inhaltsstoffe von Investitionsgütern wie industrielle Steuerungstechnik, Telekommunikationstechnik, elektronische Datenverarbeitungs- und Starkstromanlagen

Definitionsbereich

Eine Auflistung des Elektronikschrottes umfaßt u.a. bestückte und unbestückte Leiterplatten, Geräte der Unterhaltungselektronik, große und kleine Haushaltgeräte, Elektrowerkzeuge, Schaltanlagen, Büroelektronik, Telekommunikationselektronik, Fahrzeugelektronik, Großrechenanlagen, elektrische und elektronische Meßgeräte sowie sonstige elektrische und elektronische Komponenten.

Neuerwerb elektrischer Geräte

In Deutschland wurden im Jahre 1993 ca. 6 Millionen Fernsehgeräte, ca. 2 Millionen Elektroherde, ca. 1 Million Kühlschränke, ca. 1,4 Millionen Waschmaschinen, ca. 0,9 Millionen Geschirrspüler sowie mehr als 20 Millionen Videorecorder, Haushaltmixer, Staubsauger, Computer u.a. angeschafft. Alle diese elektrischen oder elektronischen Geräte sollen nach Ablauf ihrer sehr unterschiedlichen Gebrauchsdauer zukünftig stofflich wiederverwertet werden.

Mengenaufkommen

Wir wissen, daß im Jahre 1994 fast 4 Millionen Fernseher nach einem Lebensalter von 5 - 10 Jahren verschrottet wurden. Nach Einschätzung des Zentralverbandes Elektrotechnik und Elektroindustrie

e. V. (ZVEI) fielen 1993 bis zu 1,5 Mio. Tonnen gebrauchter elektrischer und elektronischer Geräte an, davon ca. 900.000 Tonnen in privaten Haushalten.

Elektronik-Schrott-Verordnung

Im Entwurf der Verordnung über die Vermeidung, Verringerung und Verwertung von Abfällen gebrauchter elektrischer und elektronischer Geräte (Elektronikschrottverordnung Stand 15. Oktober 1992) wird folgende Begriffsbestimmung festgelegt:

"Elektrische und elektronische Geräte im Sinne dieser Verordnung sind elektrische oder elektronische Bauteile enthaltende

1. Geräte der individuellen Büro-, Kommunikations- und Informationstechnik wie Arbeitsplatzcomputer, Arbeitsplatzdrucker, Arbeitsplatzkopiergeräte, Telefaxgeräte, Telefongeräte,

2. Fernsehgeräte mit einer Bildschirmdiagonale von mehr als 30 cm,

3. Haushaltgeräte wie Kälte- und Klimageräte, Herde, Geschirrspüler, Waschmaschinen, Wäschetrockner,

4. Entladungslampen,

5. Geräte der Unterhaltungselektronik wie Fernsehgeräte mit einer Bildschirmdiagonale von weniger als 30 cm, Radiogeräte, Tuner, Verstärker, Plattenspieler, CD-Player, Lautsprecher auch als Gerätekombinationen, Geräte der Bild- und Tonaufzeichnung und -wiedergabe,

6. Haushaltgeräte wie Kaffeemaschinen, Schneid- und Rührgeräte, Mikrowellengeräte, Staubsauger, Elektrowerkzeuge und Elektrorasierer,

7. Kleingeräte der Büroinformations- und Kommunikationstechnik wie Tisch und Taschenrechner

8. Uhren,

9. Geräte der Labor- und Medizintechnik im gewerblichen oder industriellen Bereich sowie in öffentlichen Einrichtungen,

10. Geräte für den Geldverkehr im gewerblichen oder industriellen Bereich sowie in öffentlichen Einrichtungen,

11. Geräte der Meß-, Steuerungs-, und Regelungstechnik im gewerblichen oder industriellen Bereich sowie in öffentlichen Einrichtungen,

12. Geräte der Bild- und Tonaufzeichnung und -wiedergabe im gewerblichen oder industriellen Bereich sowie in öffentlichen Einrichtungen,

13. Großgeräte der Büroinformations- und Kommunikationstechnik wie Vermittlungseinrichtungen, Geräte der Datenverarbeitung im gewerblichen oder industriellen Bereich sowie in öffentlichen Einrichtungen,

14. Hausgeräte wie Kälte- und Klimageräte, Herde, Geschirrspüler, Waschmaschinen, Wäschetrockner im gewerblichen oder industriellen Bereich sowie in öffentlichen Einrichtungen."

Im Sinne dieser Verordnung sind weitere Baugruppen bzw. Geräteteile als Elektronikschrott definiert.

Elektronikschrottbereiche

Zum Definitionsbereich des Verordnungsentwurfes gehören Gehäuse, Bildschirme, Tastaturen, Elektromotoren oder Platinen auch dann, wenn sie keine elektrischen oder elektronischen Bauteile enthalten, aber im funktionellen Zusammenhang mit Geräten stehen, die in der Elektronikschrottverordnung erfaßt werden.

Zum Elektronikschrott werden weiterhin Bauteile von Geräten gerechnet, wie z.B. Kondensatoren, Gleichrichter, Transistoren und Röhren.

Der Einfachheit halber verwenden wir in den weiteren Ausführungen ausschließlich den Begriff "Elektronikschrott", auch wenn es sich dabei um Elektroschrott handeln sollte. Damit folgen wir der Begriffsbestimmung des Entwurfes der Elektronik-Schrott-Verordnung.

Unterschiede in der Zusammensetzung

Wie vorher geschildert, fallen im Konsumgüterbereich andere Metallanteile und Mengen als im Investitionsgüterbereich an. Aber auch innerhalb dieser beiden Gruppen bestehen in der Zusammensetzung der verschiedenen Metalle erhebliche Unterschiede im Schrottaufkommen. So liegen z.B. die Edelmetallanteile bei Computern wesentlich höher als im übrigen Elektronikschrott.

elektrische Großgeräte

Eine weitere interessante Tendenz beim Elektronikschrott ist feststellbar. Bei Großgeräten wie z.B. Rechenanlagen, Telefonanlagen Kühlgeräten u.ä. werden verhältnismäßig weniger Werkstoffe eingesetzt. Diese sind in der Regel einfach und mit vertretbarem Aufwand identifizierbar. Mit dieser Vereinfachung lassen sich bei Großgeräten höhere Wiederverwertungsquoten von bis zu 85 % erreichen.

Materialvielfalt in Kleingeräten

Bei kleineren Geräten, wie z.B. Fernsehapparaten, Radios, Hifi-Anlagen wird die verwendete Materialvielfalt erheblich größer. Die Materialvielfalt bei kleineren Geräten wird darüberhinaus auch durch unterschiedliche Bauweisen der verschiedenen Hersteller, Bautypen und Baujahre vergrößert und somit eine Wiederverwertung der Werkstoffe erheblich erschwert.

Bildschirmgeräte

Eine Ausnahme von der o.g. Tendenz stellen die Bildschirmgeräte wie Fernseher und Monitore dar. Bei diesen Geräten überwiegt der Bildröhrenanteil mit bis zu 60 %.

Begriffsumfang

Darüberhinaus können weitere Tendenzen gefunden werden, um die Vielfalt des Elektronikschrottes zu systematisieren. Wichtig für die weitere Vorgehensweise bleibt jedoch die Tatsache, daß im Sinne des Entwurfes der Verordnung unter dem Begriff Elektronikschrott auch der nach dem Volumen viel gewichtigere Elektroschrott subsumiert wird.

Entwicklungsprozeß

Da die Baugruppen, Bauteile und auch die kompletten Geräte durch Innovation einem überdurchschnittlich schnellen technischen Wandel unterliegen, wird die obengenannte Definition laufend den neuen Gegebenheiten anzupassen sein, aber auch die Wiederverwertung von Elektronikschrott wird laufend auf die neuen technischen Entwicklungen mit neuen Verwertungsverfahren und Verwertungswegen antworten müssen.

1.1 Die wichtigsten Rohstoffbestandteile des Elektronikschrottes

Vielfalt der Stoffe

In den Komponenten und Geräten des Elektronikschrottes befinden sich bis zu 1000 verschiedene Stoffe, von denen nachfolgend lediglich die vom Volumen und von der Toxizität her bedeutenden Stoffe charakterisiert werden.

Gegenwärtig liegen keine vollständigen Untersuchungen über eine Öko-Bilanz der einzelnen Komponenten aus dem Elektronikschrott vor. Wir haben trotzdem versucht, aus den zugänglichen Informationen eine entsprechende Übersicht verständlich zusammenzutragen.

Trenn- und Sortierfähigkeit

Hierbei entsteht ein grundlegendes Problem. Aufgrund eines engen Verbundes der Materialien bis hin zu mikroskopischen Größenordnungen werden die Grenzen der Trenn- und Sortierfähigkeit teilweise weit überschritten.

Neben der Trennfähigkeit ist Voraussetzung für eine erfolgreiche Wiederverwertung ferner eine genaue Information der stofflichen Zusammensetzung der Materialien, deren Beschaffung vor allem auch deshalb noch erschwert wird, da ein wenig transparenter Anbietermarkt neben verschiedenen Systemen auch Herstellerländer des fernen Ostens umfaßt.

metallische Sekundärrohstoffe

Da mit Hilfe physikalischer, thermischer und chemischer Aufbereitungsverfahren eine weitgehende Rückführung der Metalle als Sekundärrohstoff möglich ist, steht grundsätzlich fest, daß die wenigsten Probleme hevorgerufen werden, wenn Metalle in den stofflichen Kreislauf zurückgeführt werden sollen.

Bei der Wiederverwertung von Elektronikschrott können wir vor allem folgende Metalle vollständig erfassen:

Aluminium

- Aluminium ist ein wichtiger Bestandteil von Gehäuseteilen vieler Elektrogeräte sowie von Kühlkörpern an aktiven Halbleiter-Bauelementen. Es findet einen häufigen Einsatz in der Elektrotechnik und der Elektronik wegen seiner guten Festigkeits- und Wärmeleit- sowie elektrischen Leitfähigkeitseigenschaften.

- Antimon verwendet man in Speicherchips und Kleinbauteilen der Elektronik. Es ist ein silberweißes, sprödes Halbmetall, das insbesondere auch zur Härtung von Blei- und Zinnlegierungen eingesetzt wird. *Antimon*

- Arsen ist ein stahlgraues, glänzendes, sprödes Halbmetall und wird bei der Herstellung von Halbleitern sowie zahlreicher Kleinbauteile eingesetzt. Es ist weiterhin Legierungsbestandteil für zahlreiche Verbindungen in der Elektrotechnik. *Arsen*

- Barium zählt zu den Schwermetallen und ist Bestandteil u.a. der Beschichtung auf Bildröhren, wo es zur Erhöhung der Leuchtkraft dient. Bariumverbindungen sind außerdem Bestandteil des Linsenglases der Bildröhren und verursachen gegenwärtig noch erhebliche Probleme bei der Wiederverwertung von Bildröhren. Wegen der unterschiedlichen Rezepturen, vor allem verursacht durch den Bariumanteil, ist es zur Zeit außerordentlich kompliziert, Bestandteile von Bildröhren der Bildröhrenindustrie als einbaufertige Komponenten zur Wiederverwendung bereitzustellen. *Barium*

- Cadmium charakterisieren wissenschafliche Untersuchungen als ein Schwermetall mit gesundheitsschädigender Eigenschaft. Es ist u.a. Bestandteil gelöteter Verbindungen verschiedener Schaltungen. Akkubatterien in Computern, die die Systemzeit speichern, enthalten ebenfalls zum Teil Kadmium. Die Festplatte der Computer besteht auch aus Kadmium. Als Bestandteil der Beschichtung in den Bildröhren dient es zur Erhöhung der Leuchtkraft. *Cadmium*

- Chrom dient vor allem zur Beschichtung verschiedener Gehäuseteile. Es ist ein zähes Metall und wird, da es nicht oxydiert, als rostschützender Überzug verwendet. *Chrom*

- Edelstähle werden vor allem für bestimmte Gehäuseteile der weißen Ware eingesetzt. Es sind Stahlsorten, die sich durch hohe Reinheit und besondere Gebrauchseigenschaften wie Warmfestigkeit, Korrosionsbeständigkeit, Schweißbarkeit auszeichnen. Sie sind durch Legierungselemente *Edelstähle* und spezielle Wärmebehandlungen in weiten Grenzen veränderbar und unterscheiden sich deshalb von den sogenannten Grund- und Qualitätsstählen wesentlich.

Eisen - Eisen findet Verwendung für Gehäuse oder Chassis. Es ist mit einem Anteil von ca. 5 - 10 % auf Leiterplatinen vorhanden. Aufgrund seiner elektromagnetischen Eigenschaften wird es vielfach für Trafokerne bzw. als Magnetträger für Elektromotoren eingesetzt.

Gallium - Gallium ist Bestandteil verschiedener Chips und elektrischer Kleinbauteile.

Germanium - Germanium wird in Chips und anderen Kleinbauteilen häufig eingesetzt. Es ist ein Halbleiter. Die elektrischen Eigenschaften des Germaniums nutzt man für eine Reihe aktiver und passiver Halbleiterbauelemente.

Gold - Gold wird vor allem in der Computertechnik sehr häufig eingesetzt. Dieses Edelmetall finden wir auf Platinen oder in Sockeln einzelner Bauteile. Viele Prozessoren bzw. Speicherchips enthalten in ihren Leiterbahnen goldhaltige Strukturen. In älteren Geräten der Informationselektronik setzte man zum Teil erhebliche Mengen dieses Edelmetalles ein. In neueren Geräten ist der Goldanteil jedoch deutlich vermindert worden.

Indium - Indium wird mit geringem Anteil in Chips und verschiedenen Kleinbauteilen eingesetzt.

Kobalt - Kobalt ist ein Schwermetall und wird vielfach als Legierungsbestandteil in Dauermagneten genutzt. Das radioaktive Kobalt setzt man auch in medizinischen Geräten zur Strahlentherapie ein.

Kupfer - Kupfer ist das wichtigste Metall in der Elektrotechnik. Es besitzt sehr gute elektrische- und Wärmeleiteigenschaften. Kupfer findet sich außer in Kabeln und Litzen auch auf Leiterplatinen mit Anteilen zwischen 12 - 28 %. Kupfer zählt zu den Schwermetallen. Spezielle Legierungen von Metallen mit Kupfer ermöglichen weitere gezielte elektrische Eigenschaften, die man in der Elektroindustrie für gesonderte Anwendungen in bestimmten Bauelementen ausnutzt.

- Palladium ist in einigen Prozessoren, Speicherchips sowie Steckern enthalten. Aufgrund der besonderen elektrischen Leitfähigkeitseigenschaften dient es einer entsprechend sicheren Kontaktierung von Verbindungselementen. *Palladium*

- Platin als Edelmetall findet Einsatz auf den Platinen oder verschiedenen Steckerbauteilen. *Platin*

- Quecksilber als ein flüssiges und giftiges Schwermetall wird vor allem als Kontakt- und Schaltelement in der Relaistechnik eingesetzt. *Quecksilber*

- Selen ist ein Halbleiter und wird mit seinen elektrischen Eigenschaften in Dioden, Transistoren, Chips sowie in verschiedenen anderen Kleinbauteilen verwendet. *Selen*

- Silber als wichtiges Edelmetall in der Elektrotechnik findet Einsatz in Platinen und verschiedenen Steckerkontaktierungen einzelner Bauelemente. Die sehr guten elektrischen Leitfähigkeitseigenschaften ermöglichen eine Vielzahl verschiedener Anwendungen in der Elektronik. *Silber*

- Silicium mit seinen Halbleitereigenschaften verwendet man in zahlreichen aktiven und passiven Bauelementen der Elektronik sowie in Speicherchips. *Silicium*

- Strontium ist ein Schwermetall und Bestandteil der Beschichtung von Bildröhren. Es dient zur Erhöhung der Leuchtkraft. *Strontium*

- Tellur wird in Speicherchips sowie verschiedenen Bauelementen der Elektronik eingesetzt. *Tellur*

- Thallium ist ein hochgiftiges Schwermetall welches u.a. in Speicherchips sowie elektronischen Kleinbauteilen enthalten ist. *Thallium*

Wismut
- Wismut als Schwermetall hat eine häufig gewünschte niedrigere Leitfähigkeitseigenschaft als Kupfer.

Zink
- Zink ist Bestandteil einiger Elektrogeräte. Es ist als Legierungsbestandteil verschiedener anderer Metalle in einigen elektrischen Bauelementen enthalten.

Zinn
- Zinn ist ein Schwermetall und wird für Lötverbindungen eingesetzt. Lötverbindungen enthalten zum überwiegenden Anteil Zinn. Leiterplatten besitzen je nach Anzahl der Lötverbindungen bis zu 5 % dieses Metalls.

Kunststoffe

Als Nichtmetalle sind zahlreiche komplex gebildete Kunststoffe im Elektronikschrott anzutreffen.

Die folgenden Anmerkungen sind hierbei von besonderer Bedeutung.

Kunststoffarten

Kunststoff wird als der häufigste Werkstoff in über 40 verschiedenen Arten in der Elektrotechnik/Elektronik eingesetzt. Die wichtigsten Stoffe sind Polyester, Polyamid, Phenol sowie Epoxidharze darunter Acrylnitril-Butadien-Styrol Copolymere (ABS) und Polyvinylchlorid (PVC).

Flammschutzmittel

Gegenwärtig finden wir noch immer polybromierte Biphenyle und Phenylester in importierten Geräten. Zum Teil ist auch noch das gesundheitsschädigende Antimontrieoxid in einigen Kunststoffen enthalten. Flammschutzmittel werden generell von vielen Herstellern im Interesse der Sicherheit bei fast allen Kunststoffmaterialien der Informationselektronik sowie Heimelektronik eingesetzt.

Das Basismaterial für Platinen enthält darüber hinaus zum großen Teil glasfaserverstärkten Kunststoff.

Anwendungsbereiche für Kunststoffe

Grundsätzlich werden Kunststoffe in 3 verschiedenen Anwendungsbereichen der Elektronik eingesetzt:

1. Sie sind ein weitverbreitetes Isolationsmaterial z.B. für Kabel.
2. Wegen Ihrer Gestaltungsfähigkeit dienen sie als beliebtes Konstruktionsmaterial z.B. für Gehäuse.

3. Wegen ihrer elektrischen Eigenschaften werden sie als Werkstoff für die Herstellung elektronischer Bauelemente z.B. Kondensatoren eingesetzt.

Deshalb ist grundsätzlich der Einsatz von Kunststoff in der Elektrotechnik und Elektronik äußerst vielseitig.

Wiederverwertungsprobleme

Mit der Verwendung von Kunststoff in der Elektrotechnik/Elektronik entsteht allerdings gegenwärtig das größte ungelöste Problem bei der Wiederverwertung von Elektronikschrott. Der Grund liegt vor allem in der Heterogenität verschiedener Kunststoffe sowie in der Durchdringung dieses Materials mit Bromsalzen als Flammhemmer.

ABS-Kunststoffe

Eindeutig nicht bromenthaltende ABS-Kunststoffe (Acrylnitril-Butadien-Styrol) werden durch spezielle Zerkleinerungstechniken granuliert und können werkstofflich wieder eingesetzt werden. Das Problem besteht jedoch in der Unterscheidung nichtbromhaltiger und bromhaltiger Stoffe.

Kennzeichnung der Kunststoffe

Die chemische Industrie verfolgt deshalb das seit langem geforderte Verfahren der Kennzeichnung. Das Ziel ist hierbei, die Kunststoffe sortenrein wiederverwerten zu können. Mit dem im September 1996 in Kraft tretenden Kreislaufwirtschaftgesetz dürfte nunmehr auch von gesetzgeberischer Seite die notwendige Voraussetzung zur Erreichung eines werkstofflichen Kreislaufes bei diesen Werkstoffen geschaffen sein.

Verwendungsverbot von Brom

In Deutschland soll in zwei Jahren die Verwendung von Brom verboten werden. Damit wird jedoch die Entsorgung von bromhaltigen Kunststoffen aus den Altgeräten nicht gelöst werden. Es bleibt abzuwarten, ob sich eine rohstoffliche Verwertung durch Hydrolyse oder eine thermische Verwertung durchsetzt.

Wiederverwertung von Kunststoffen

Werden die Kunststoffe unter den vorher genannten Schwierigkeiten aus dem Elektronikschrott erfaßt, so ergeben sich folgende Möglichkeiten der Wiederverwertung:

- Sortenrein erfaßte Kunststoffmengen können wieder eingeschmolzen und als Sekundärgranulat werkstoffgleich verarbeitet werden.

- Erfaßte Kunststoffe werden als Gemisch zu einfachen Produkten werkstofflich verwertet (Down-cycling).

- Kunststoffpyrolyse oder -hydrolyse dienen zur Wiedergewinnung von Rohölen als rohstoffliche Verwertungsverfahren.

Sortenreinheit

Die Vielfalt der im Elektroschrott anzutreffenden Kunststoffe ermöglicht selten eine absolute Sortenreinheit bei der Wiederverwertung. Eine wünschenswerte Sortenreinheit kann, wenn überhaupt, lediglich im internen Recycling einiger Firmen realisiert werden, wenn z.B. Produktionsabfälle wieder in den Herstellungskreislauf einfließen.

artengerechte Kunststofftrennung

Ein Sammelsystem für Kunststoff wird deshalb keine Sortenreinheit sicherstellen. Eine sinnvolle Werkstoffwiederverwertung von Kunststoffen mit einigermaßen überschaubaren Qualitätsverlusten ist nur möglich, wenn eine artengerechte Trennung z.B. nach Polyethylen (PE), Polypropylen (PP), Acrylnitril-Butadien-Styrol (ABS) usw. realisiert wird. Zahlreiche Kunststoffe wurden darüberhinaus mit Farbstoffen versehen, die bei der Separation ebenfalls zu beachten sind.

Additive

Die Kompliziertheit der Separation von Kunststoffen begründet sich zur Zeit vor allem in den über 2000 verschiedenen Additiven, die bei Freisetzung auch als Krankheitsverursacher verdächtigt werden. Charakteristische Additive sind hierbei die Flammschutzmittel, Füllstoffe, Stabilisatoren, Weichmacher, Farbmittel und optische Aufheller.

Dioxine und Furane

Die bromierten Flammschutzmittel besonders in älteren Geräten oder das eingesetzte PVC kann bei thermischer Verwertung unter oxidierenden Bedingungen zur Freisetzung von Dioxinen und Furanen führen. Diese Stoffe gelten als die giftigsten, synthetisierten, chemischen Substanzen, die krebserregend, mißbildungsfördernd und erbanlagenschädigend sind. Wenn Dioxine sich über die Atemluft, die Nahrung und die Haut im menschlichen Körper anreichern, können gesundheitliche Dauerschäden entstehen. Die Entsorgung dieser Stoffe kann dementsprechend nur unter strengen Bedingungen erfolgen, die auf die besonderen Gefahrenpotentiale eingehen.

sonstige Stoffe

Weitere wichtige Materialien im Elektronikschrott sind Gummi, Harz, Holz, Karton, Keramik, Metalloxide, Öle oder chlorierte Lösungsmittel, die teilweise mit hohem Aufwand einen sinnvollen Verwertungsweg zugeführt werden.

Bestandteile der Bildschirmgeräte

Beim Zerlegen von Bildschirmgeräten treten vor allem die Stoffe: Kunststoff, Holz, Glas, Trafos, Platinen, Kabel, Aluminium, Eisen, Sonderstoffe sowie kupferhaltige Teile auf. Diese Materialien enthalten wiederum unterschiedliche Qualitätsmerkmale innerhalb ihrer Gruppe.

Bildröhrenzerlegung

Beim Zerlegen der Bildröhre entsteht Normalglas, Spiegelglas und Linsenglas. Normalglas und Spiegelglas können in der Glashütte wieder zu entsprechenden Produkten verarbeitet werden. Das Linsenglas muß aufgrund des hohen Bariumgehaltes bzw. unterschiedlichster Rezepturen der Hersteller zur Zeit noch für anderweitige Zwecke eingesetzt werden. So wird diese Glassorte u.a. als Zuschlagstoff in der Bauindustrie für die Produktion von Estrich eingesetzt. Spiegelglas mit einem Bleianteil von bis zu 20 % setzen Bleihütten bevorzugt ein, um einerseits den Bleianteil zurückzugewinnen und um andererseits die Schlackenbildung zu unterstützen.

Platinen aus Bildschirmgeräten

Die Platinen der Bildschirmgeräte sind leichter und mit weniger Metallanteilen hergestellt. Vor der Wertstofftrennung ist es deshalb besonders wichtig, eine entsprechende Sortierung nach Metall- bzw. Schadstoffkomponenten vorzunehmen.

Platinenaufbereitung

Während die edelmetallhaltigen Fraktionen oder Platinen nach vorheriger Zerkleinerung in einer Scheideanstalt durch elektrolytische Verfahren aufzuspalten sind, können andere Kupfer, Zinn, Blei und Aluminium enthaltende Platinen auch durch trockenmechanische Aufbereitungstechniken bearbeitet werden.

Schadstoffträger

Neben den aufbereitungsfähigen Werkstoffen insbesondere Metallen enthält Elektronikschrott leider auch Schadstoffe.

Schadstoffträger im Fernsehgerät sind vor allem die PCB-haltigen Kondensatoren oder Batterien. Diese müssen umweltunschädlich gemäß den gesetzlichen Bestimmungen auf Sonderdeponien gelagert werden.

Basismaterial von Platinen

Das Basismaterial einiger Leiterplatten sind Kunststoffe, die durch Additive modifiziert sind und die ebenfalls bei der Verarbeitung unter bestimmten Bedingungen freigesetzt und dann gesundheitsschädigend wirken können.

Leuchtschicht der Bildröhre

Besonders problematisch und als Gefahrstoff zu klassifizieren sind die Beschichtungen auf den Linsenteilen der Bildröhre. Eine entsprechende Analyse der Wertstoffe in den Fraktionen des Elektronikschrottes sowie deren sinnvolle Verwertungsmöglichkeiten wird in den weiteren Kapiteln dieses Buches beschrieben.

Wiederverwertbarkeit

Man kann gegewärtig davon ausgehen, daß wir mit Ausnahme, der Kondensatoren und einiger Kunststoffe heute in der Lage sind, die meisten Fraktionen z.B. eines Fernsehgerätes so aufzuarbeiten, daß sie in den Stoffkreislauf zurückgeführt werden können. Dementsprechend sind stellvertretend für den Konsumgüterbereich bereits annähernd 75 % eines Fernsehgerätes nach dem Stand der Technik wiederverwertbar (siehe Seite 26 Verwertungswege der Bestandteile von Bildschirmgeräten). Ein Schaltschrank aus der Steuerungstechnik, einem häufigen Produkt des Investitionsgüterbereiches, kann sogar zu 95 % seines Gewichtes in den Stoffkreislauf zurückgeführt werden.

Wiederverwendung

Häufig wird nicht nur die Frage der Wiederverwertung sondern auch die Frage nach einer Wiederverwendung einiger Bauteile bzw. Baugruppen gestellt. Auch hierzu eine kurze Anmerkung, um nicht falsche Erwartungen zu wecken. Wir müssen heute davon ausgehen, daß die Entwicklung elektrischer und elektronischer Geräte sich so rasant vollzieht, daß Baugruppen, die älter als drei Jahre sind, nicht mehr für vergleichbare Funktionen wirtschaftlich zu verwenden sind.

Selbst für den Einsatz in minderwertigen Geräten wie Spielzeugen sind sie nur teilweise geeignet, da die Chips regelmäßig zu langsam in ihrer Reaktionszeit sind. Bei den Fernsehgeräten wird dies besonders wegen der längeren Lebensdauer deutlich.

Grundsatzbetrachtungen

In diesem Kapitel haben wir versucht, die breite Vielzahl von Werkstoffen zu beschreiben, die in der Elektronik zum Einsatz kommen.

Hierbei konnte festgestellt werden, daß gegenwärtig Metalle einfacher und Kunststoffe schwieriger werkstofflich in den Kreislauf zurückzuführen sind.

fachliche Kompetenz und Zuverlässigkeit

Aus Sicherheitsgründen müssen darüberhinaus Elektronikschrottaufbereiter Schadstoffe zweifelsfrei bestimmen aber auch mögliche Gesundheitsgefährdungen bei der Bearbeitung von Elektronikschrott ausschließen. Diese Fähigkeit setzt eine fachliche Kompetenz in einem derartigen Betrieb voraus, die aus unserer Sicht nur durch eine Ausbildung wie die eines Naturwissenschaftlers abgesichert wird.

Damit stellt sich die Wiederverwertung von Elektronikschrott nicht nur als eine technisch anspruchsvolle Aufgabe dar, sondern sie stellt auch hohe Anforderungen an Ausbildung, Kompetenz und Zuverlässigkeit der Betriebsleiter sowie des Personals.

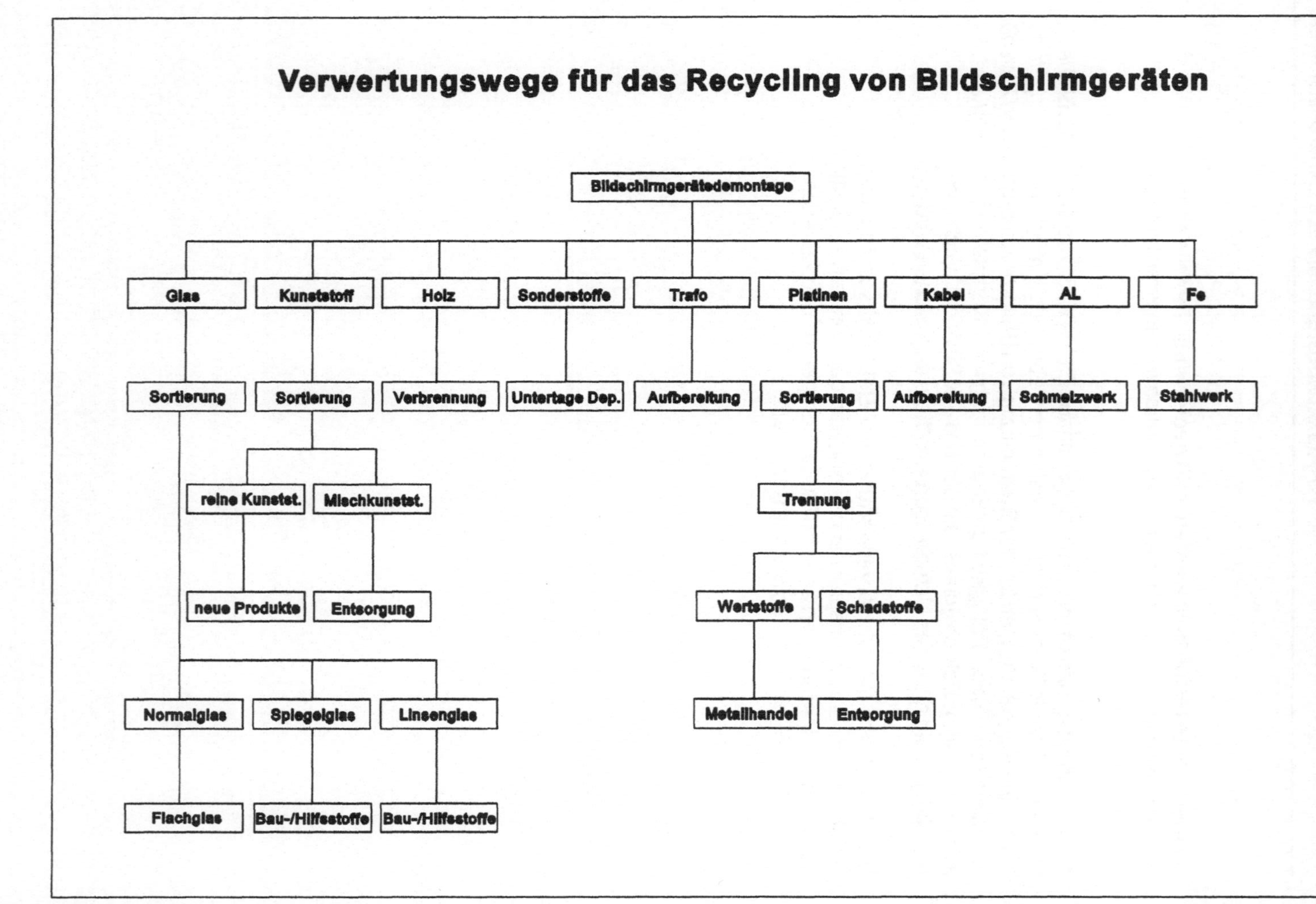
Verwertungswege für das Recycling von Bildschirmgeräten
Bildschirmgerätedemontage
Glas
Kunststoff
Holz
Sonderstoffe
Trafo
Platinen
Kabel
AL
Fe
Sortierung
Sortierung
Verbrennung
Untertage Dep.
Aufbereitung
Sortierung
Aufbereitung
Schmelzwerk
Stahlwerk
reine Kunstst.
Mischkunstst.
Trennung
neue Produkte
Entsorgung
Wertstoffe
Schadstoffe
Normalglas
Spiegelglas
Linsenglas
Metallhandel
Entsorgung
Flachglas
Bau-/Hilfestoffe
Bau-/Hilfestoffe

1.2 Schad- und Wertstoffe im Elektronikschrott sowie deren Entsorgungs- und Verwertungswege

Zu Beginn dieses Abschnittes erscheint es zweckmäßig, eine Abgrenzung zwischen den Begriffen Schad- und Wertstoffe vorzunehmen.

Schadstoffdefinition

Dabei ist ein Schadstoff gekennzeichnet durch zwei Kriterien:

1. er löst einerseits gesundheits- und umweltschädigende Wirkungen aus und
2. gleichzeitig können seine stofflichen Bestandteile in einem wirtschaftlich vertretbaren Rahmen, nach dem Stand der Technik nicht wiederverwertet oder wiederverwendet werden.

Gerade das zweite Kriterium bedarf einer weiteren Erläuterung.

Die Toxidität allein reicht nämlich nicht aus, um Stoffe als Schadstoffe zu klassifizieren. Toxische Stoffe, die mit wirtschaftlich vertretbarem Aufwand zu erfassen sind und gleichzeitig am Markt nachgefragt werden, sind unter dem Gesichtspunkt der Wiederverwertung Sekundärroh- oder Wertstoffe. Dementsprechend wird die Wirtschaftlichkeit des Wiederverwertungsprozesses toxischer Stoffe wesentlich durch die Separationsfähigkeit also deren Konzentration und der Verteilung bestimmt.

Damit ist die Einstufung als Schadstoff auch eine Funktion der technischen Entwicklung, der Trenntechnik, der wirtschaftlichen Durchführbarkeit und somit laufend korrigierbar.

Wertstoffdefinition

Folglich ergibt sich daraus auch die Definition eines Wertstoffes, der sowohl frei von gesundheits- und umweltgefährdenden Materialien ist und gleichzeitig wirtschaftlich regenerierbar oder aber gegebenenfalls toxische Eigenschaften mit einer wirtschaftlichen Separationsfähigkeit verbindet.

Auf diese Weise ist eine klare Unterscheidung zwischen Wert- und Schadstoffen im Elektrorecycling durchführbar, die jedoch nach dem jeweiligen Stand der Technik neu zu definieren ist.

Eine Differenzierung der verschiedenen Fraktionen nach diesen Kriterien ist für die Demontage-, Lager- und Transportprozesse von besonderer Bedeutung.

1.2.1 Verwertungshierarchie

Die vielfältige Verwertung und Verwendung der Rohstoffe und Komponenten aus zerlegtem Elektronikschrott führen zu einer Verwertungshierarchie, die eine Allgemeingültigkeit in der Verwertungswirtschaft hat. Sie setzt sich unter Berücksichtigung ihrer wirtschaftlichen und umweltrelevanten Bedeutung aus folgenden Verwertungsstufen zusammen:

- die Wiederverwendung von Komponenten und Aggregaten aus dem Elektronikschrott in seiner ursprünglichen Funktion. Diese Stufe umfaßt das Reparieren und Aufarbeiten. Die Wiederverwendung führt so zur Verlängerung der Lebensdauer der Produkte und vermeidet damit alle möglichen anderen Stufen, der werkstofflichen und rohstofflichen Verwertung sowie die Entsorgung,

werkstoffgleiches-liches Recycling

- wenn eine Wiederverwendung ausgeschlossen ist, sollte eine werkstoffgleiche Wiederverwertung im geschlossenen Stoffkreislauf erfolgen. Sie umfaßt das Umarbeiten von Metallen, Glas, Kunststoffen und Papier. Metalle und Glas stellen die klassischen Sekundärrohstoffe dar, die weitgehend in einem geschlossenen Kreislauf ohne wesentliche Qualitätsverluste in identische Rohstoffe aufbereitet werden können,

werkstoffungleiches Recycling

- da eine Wiederverwertung im geschlossenen Stoffkreislauf insbesondere bei Kunststoffen nicht in jedem Fall aus Qualitätsgründen möglich ist, kann eine werkstofflungleiche Verwertung für qualitativ niedrigere Verwendungen (Downcycling) sinnvoll sein. Formen der Bearbeitung hierbei sind das Umformen, Mahlen und Vergießen mit Bindemitteln. Dabei entstehen Misch- und Verbundwerkstoffe.

- wenn eine Wiederverwendung und eine Wiederverwertung im gleichen oder in einem qualitativ niedrigeren Kreislauf unmöglich ist, verbleibt als vorletzte Stufe in der Verwertungshierarchie die rohstoffliche Verwertung der Materialien. Diese Verwertungsart wird aus bekannten Gründen insbesondere bei Kunststoffen notwendig, indem durch Aufspaltung der Kohlenwasserstoffe in den Kunststoffen energiereiche Öle und Gase produziert werden,

- die thermische Verwertung und die Kompostierung von Materialien sind die letzten Möglichkeiten einer Nutzung verschiedener anorganischer und organischer Stoffe. Beide Verwertungsarten sind mit einem unwiederbringlichen werkstofflichen Verbrauch verbunden.

Die einzelnen Verwertungsstufen der Hierarchie verursachen völlig unterschiedliche Kosten. Deutlich können wir von Stufe zu Stufe nach unten eine erhebliche Zunahme der Wiederverwertungskosten erkennen. Eine Ausnahme stellt jedoch die thermische Verwertung dar, bei der allerdings die Werkstoffe verloren gehen.

Da die Hersteller bzw. der Handel über die Absatzorganisation ihrer Produkte verfügen, ist eine Wiederverwendung von Komponenten und Aggregaten nur mit aktiver Mitarbeit dieser beiden Absatzmittler zu realisieren. Sie besitzt wegen der Schwierigkeit, die Absatzorganisation auch für die Beschaffung der Altgeräte einzusetzen, nur eine zweitrangige Bedeutung. Der größte Teil des Elektronikschrottvolumens wird folglich von den Demontagebetrieben im werkstofflich gleichen oder im werkstofflich ungleichem Recycling zurückgeführt.

Generell schätzen wir, daß 10 % der im Altschrott anfallenden Geräte technisch funktionstüchtig jedoch überwiegend unwirtschaftlich sind, 5 % mit vertretbarem Aufwand repariert werden können und 85 % zur stofflichen und sonstigen Verwertung demontiert werden müssen.

Zusammenfassung

Zusammenfassend können wir also den gesamten Elektronikschrott nach der Demontage in folgende Wert- und Schadstofffraktionen einteilen:

- Verhüttungsfraktionen für die Stahlwerke,
- Edelmetallfraktionen für die Scheideanstalten,

- Buntmetallfraktionen für die Umschmelzwerke,
- Kabel- und Litzenfraktionen für die Weiterverarbeitung,
- Kunststofffraktionen für die Weiterverarbeitung oder deren thermische Verwertung,
- Glasfraktionen für die Glashütten und
- Reststoffe sowie Sonderabfall.

Von entscheidender Bedeutung für das werkstoffliche Recycling ist der molekulare Aufbau des jeweiligen Materials. So können Metalle nach Gebrauch durch metallurgische Prozesse meistens wieder im ursprünglichen Zustand oder werkstoffgleich zurückgeführt werden. Sie haben dementsprechend eine weitgehend unbegrenzte Kreislauffähigkeit. Deshalb sind Metalle zur Zeit den Kunststoffen in der werkstofflichen Wiederverwertung substantiell überlegen.

eingeschränkte Kreislauffähigkeit von Kunststoffen

Demgegenüber ist der molekulare Aufbau der Kunststoffe beim Wiederverwertungsprozeß werkstofflich nicht konservierbar. Ausgelöst durch die Wiederbearbeitung unterliegen die Kunststoffen einem molekularen Abbau, so daß sie werkstofflich eine stark eingeschränkte Kreislauffähigkeit besitzen. Ihre stoffliche Verwertung ist deshalb immer mit einer qualitativen Abwertung des Werkstoffes verbunden und sie sind meistens nur als werkstoffungleichen Materialien zurückzuführen.

thermische Verwertung

Eine besondere Form der rohstofflichen Verwertung ist die thermische Nutzung. Diese in der Hierarchie niedrige Wiederverwertungsart sollte jedoch nur dann zum tragen kommen, wenn tatsächlich die gewonnene Energie sinnvoll zur Erzeugung von Fernwärme oder als Energieträger in der Zementindustrie u.ä. eingesetzt wird.

metallurgische Verwertung

Die Substitution von Kohlenstoff als Reduktionsmittel bei der Stahlerzeugung durch den Einsatz von nicht werkstofflich wiederverwertbaren Mischkunststoffen könnte eine erfolgreiche Form der metallurgischen Verwertung mit einem Wirkungsgrad werden, der denjenigen der Verbrennung um ein Vielfaches übertrifft.

1.2.2 Schadstoffe und Schadstoffträger

besonders überwachungsbedürftige Abfälle

Folgende Schadstoffe und Schadstoffträger müssen im Elektronikschrott erfaßt und auf der Grundlage der am 1.10.1990 in Kraft getretenen "TA besonders überwachungsbedürftiger Abfälle" (TA Sonderabfall genannt) umweltgerecht entsorgt werden:

- Der Schadstoff Polychlorierte Biphenyle (PCB) ist im Dielektrikum einiger Elektrolytkondensatoren vor allem älterer Bauart vorhanden. Seit Mitte der 80-iger Jahre dürfen in Deutschland keine PCB-haltigen Bauelemente in der Elektrotechnik eingesetzt werden. Da jedoch eine genaue Unterscheidung von PCB-haltigen und nicht PCB-haltigen Kondensatoren unmöglich ist, sollte man generell bei Altgeräten aus Sicherheitsgründen eine vollständige Entfernung dieser Bauelemente vornehmen. Elektrolytkondensatoren müssen in geschlossenen Behältern in einer zugelassenen Untertagedeponie gemäß der TA Sonderabfall deponiert werden.

- Die Leuchtschicht von Bildröhren setzt sich vor allem wegen der eingesetzten Stoffe Yttrium, Europium, Cadmium, Barium und Strontium zu einem unübersichtlichen Schadstoffgemisch zusammen. Sie ist durch besondere Techniken von dem Schirmglas der Bildröhre zu entfernen und gemäß der TA Sonderabfall thermisch zu entsorgen.

- Weitere Schadstoffe, die als Verbindungen oder Gemische der Schwermetalle Quecksilber, Cadmium und Blei in Batterien zu finden sind, müssen ähnlich entsorgt werden wie die PCB-behafteten Kondensatoren.

- Zur Kategorie der Schadstoffe gehört der Inhalt von Flüssigkristallanzeigen (LCD). Sie müssen ebenfalls nach der TA Sonderabfall deponiert oder thermisch entsorgt werden.

Kühlschrankaufbereitung

Als Besonderheit des Elektrorecycling ist die Kühlgeräteaufbereitung zu betrachten. Diese erfordert eine spezielle Behandlung, um den im Kältemittel und zum Teil auch im Isolierstoff vorhandenen Schadstoff Fluorchlorkohlenwasserstoff (FCKW) umweltgerecht zu erfassen und zu entsorgen. Die folgende Darstellung charakterisiert den Stand der

Technik auf diesem Gebiet und zeigt Verwertungsmöglichkeiten der verschiedenen Stoffe.

Kühlgerätebestandteile

Nach einer Erfassung von den Sammelstellen sollte eine Annahmekontrolle und Vorsortierung stattfinden. Vor der Zerlegung erfolgt ein Absaugen von FCKW bzw. anderer Kältemittel. Bei der darauf folgenden Demontage eines 40 kg schweren Kühlgerätes fallen folgende Stoffe an (Bild 1):

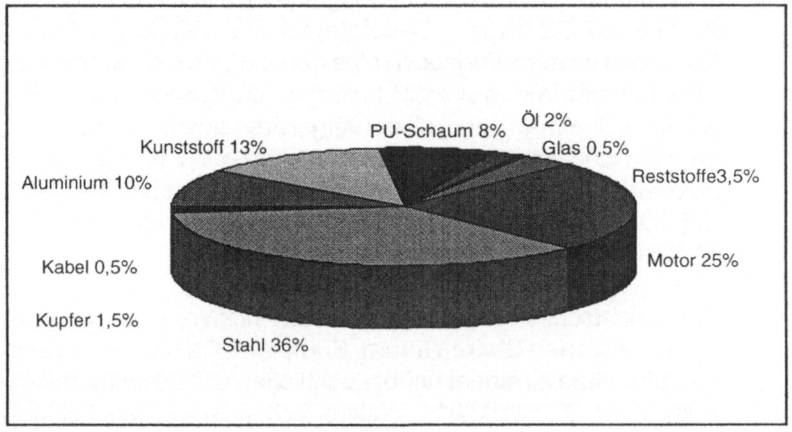

Bild 1: Stoffe der Kühlschrankaufbereitung

- ein Kompressormotor mit einem Gewichtsanteil von 25 %. Nach mechanischer Aufbereitung ist die Gewinnung von Eisen- und Kupferschrott möglich,

- Stahlblech mit 36 % Gewichtsanteil, das bis auf den Lack frei von Fremdanhaftungen ist und den üblichen Verwertungsweg geht,

- sortenreines Kupfer mit einem Anteil von ca. 1,5 %. Die weitere Verarbeitung erfolgt in Umschmelzhütten,

- es fallen 0,5 % Kupferkabel an, die mit Kabelschreddern über die Verfahrensstufen Zerkleinerung, Materialaufschluß, Siebung und Separation verarbeitet werden,

- der nach der Zerlegung gewonnene Aluminiumanteil beträgt 10 %, der ebenfalls in einer Aluminiumhütte eingeschmolzen wird,

- im Kühlgerät sind 13 % Kunststoffe enthalten. Da keine die Verwertung störenden Additive in den Kunststoffen enthalten sind, können diese sortenrein erfaßt, mechanisch zerkleinert, granuliert und als Recyclat verarbeitet werden,

- es fällt 8 % Polyuritanschaum an. Dieser muß hochdruckverdichtet werden, um das dort enthaltene FCKW zurückzugewinnen. Die Isoliertechnik setzt den ausgepreßten Schaum in Isolierplatten ein. Der FCKW-Anteil des Polyuritanschaumes beträgt 1 %,

FCKW

- die Kühlgeräte enthalten 2 % ölhaltige Kältemittel. Mit einer thermischen Behandlung durch FCKW-Entgasung kann man das Öl vom FCKW trennen. Das Öl sollte man einer thermischen Verwertung zuführen. Das FCKW aus dem Kühlkreislauf also auch aus dem Polyurethan wird in der chemischen Industrie aufbereitet und wiederverwendet,

- darüberhinaus fällt mit einem Gewichtsanteil von 0,5 % auch Glas an, das in der Glashütte als wertvoller Rohstoff eingeschmolzen wird,

- zusätzlich entstehen 3,5 % Reststoffe in Form von z.B. Dichtungen, Filz und Gummi, die als nicht wiederverwendungsfähiges Material zu verbrennen sind.

Zusammenfassend ist die Wiederverwertung von Kühlgeräten ein aufwendiger manueller Prozeß mit einer Vielfalt verschiedener Verwertungs- und Entsorgungswegen.

FCKW-freie Kühlgeräte

Zukünftig erwarten die Demontagebetriebe allerdings eine erhebliche Vereinfachung. Seit 1994 sind nämlich die ersten FCKW-freien Kühlgeräte im Handel verkauft worden. Eine Wiederverwertung dieser Geräte ist natürlich wesentlich kostengünstiger. Wir müssen davon ausgehen, daß jedoch noch mindestens 10 Jahre erforderlich sind, bevor diese recyclingfreundlichen Geräte zur Verwertung anfallen.

1.2.3 Wertstoffe un Wertstoffträger

Die wichtigsten Wertstoffe im Elektronikschrott mit den gegenwärtigen Verwertungswegen sind Gegenstand der folgenden Betrachtungen.

Die Elektronikindustrie stellt Leiterplatten mit völlig unterschiedlichen Materialien in einer großen Sortenvielfalt her. Vor einer Weiterverarbeitung hat der Demontagebetrieb dementsprechend Leiterplatten in verschiedene Stoffgruppen zu sortieren.

Sortierung der Leiterplatten

Man kann sie in folgende Gruppen einteilen:

1. Unbestückte Leiterplatten
2. Leiterplatten mit hohem Edelmetallanteil
3. Leiterplatten mit geringem Edelmetallanteil
4. Leiterplatten, die keine edelmetallhaltigen Bauelemente beinhalten
5. Leiterplatten mit schadstoffbehafteten Bauelementen.

Erst nach dieser fachmännischen Sortierung ist eine sinnvolle und wirtschaftliche Weiterverarbeitung zur Wertstoffgewinnung möglich.

Die Gewinnung von Edelmetallen aus den Platinen erfolgt durch physikalisch-chemische Verfahrenstechniken wie Elektrolyse in den Scheideanstalten, die mit hoher Metallausbeute arbeiten.

Die Gewinnung der anderen Wertstoffe wie Kupfer, Zinn, Blei, Aluminium, Eisen und andere ist durch Schmelztrenntechnik, Elektrolyse oder andere später zu erläuternde physikalische Verfahrenstechniken möglich. Im Interesse einer geringen Umweltbelastung sollte man jedoch die physikalischen Verfahrenstechniken bevorzugen, die kaum umweltschädigende Nebenwirkungen verursachen. Umweltemissionen können so unproplematisch eingegrenzt werden, daß regelmäßig physikaliche Verfahrenstechniken auch wirtschaftlicher arbeiten.

Selbstverständlich sind Kupferkabel bzw. Litzen interessante Wertstoffträger im Elektronikschrott.

Wie bei den bestückten Platinen basiert die Wertstoffgewinnung aus Kabeln und Litzen auf mechanischer Trenntechnik, die die Metalle aufschließt und separiert. Zu dieser mechanischen Trenntechnik gehört die Technik der Kabelschredder und die der Mühlen, die in einem späteren Kapitel erläutert werden.

Das separierte Kupfergranulat hat einen hohen Reinheitsgrad und wird von den Umschmelzhütten gern als Vormaterial eingesetzt.

Bei den physikalischen Trennverfahren fällt jedoch der Kunststoff als undefiniertes Gemisch an. Da eine Sortentrennung sich wirtschaftlich verbietet, kann die Kunststoffverarbeitung dieses Gemisch nur für niedrige Verwendungszwecke einsetzen. Um es nicht zu deponieren sollte es als Kohlenstoffträgermaterial thermisch oder metallurgisch verwendet werden.

sonstige Metalle

Bei der Kabel- und Litzenaufbereitung fallen weitere verwertbare Stoffe wie Eisen, Blei, Aluminium sowie Legierungen an. Verschiedenen Kabel und Litzen enthalten vielfach Verbindungselemente, wie Stekker und Kupplungen. Die Kontaktierung dieser Bauelemente ist in den meisten Fällen edelmetallhaltig. Häufig verwendete Edelmetalle sind u.a. Silber, Gold, Platin und Palladium. Während der Zerlegung sind deshalb diese Kontaktierungselemente von den zugehörigen Verbindungs- bzw. Fraktionselementen zu trennen. Die weitere Behandlung der Stecker bzw. Kontaktierungselemente erfolgt in ähnlicher Weise wie die edelmetallhaltigen Platinen.

Eine weitere Stoffgruppe nach der Demontage kann in Mischschrott zusammengefaßt werden. Dieses Material besteht vor allem aus Aluminium, Edelstahl, Alteisenschrott, Kupfer, Metallgemischen und Legierungen. Diese Wertstoffe können mechanisch z.B. im Schmelztrenn- oder Schwimmsinkverfahren getrennt und nach entsprechender Anreicherung dem jeweiligen Werkstoffverarbeitungsprozeß zugeführt werden.

Die gewonnenen Stoffe wie Kupfer, Aluminium, rostfreier Stahl, Eisen, Zinn und Blei haben regelmäßig einen sehr hohen Reinheitsgrad und können ohne Probleme in Umschmelzwerken bzw. Stahlwerken eingeschmolzen werden.

Quecksilberrelais

Für verschiedene Anwendungen in der Steuerungs- und Kommunikationstechnik setzt man Relaiskontakte mit Quecksilber ein (z.B. Readrelais). Diese Fraktion ist mechanisch aufzuschließen und das Quecksilber thermisch über Verdampfung wiederzugewinnen. Es entstehen Blei, Eisen, Nichteisenmetalle sowie Quecksilber, das hierbei ein wichtiger Rohstoff für den entsprechenden Anwender darstellt. Die anderen gewonnenen Metalle führt man dem entsprechenden Schmelzprozeß zur Rohstoffgewinnung zu.

Kopiergeräte und Drucker

Nach der Zerlegung von Kopiergeräten und Druckern entstehen Fotoleitertrommeln aus Selen und Aluminium. Nach mechanischer Behandlung mit einer mehrstufigen Verfahrenstechnik fällt Selen sowie als Trägerwerkstoff Aluminium an. Beide Stoffe sind nach entsprechender Aufbereitung als Rohstoff wieder industriell einsetzbar.

Ein Laserkopiergerät oder -drucker verwendet für den Druckvorgang Kohlenstaub, der im Toner zugeführt wird. Der Demontagebetrieb muß intakte von defekten Modulen unterscheiden können. Die Kopiergeräteindustrie setzt intakte Tonermodule im Tauschverfahren nach Regenerierung für Kopierer und Drucker wider ein, während defekte Tonerkassetten demontiert werden, um insbesondere Buntmetalle, Eisen und Tonerpulver zu erfassen. Tonerpulver besteht hauptsächlich aus reinem Graphit und ist damit harmlos.

In einigen Elementen wie z. B. Verpackungsteilen ist Polystyrol anzutreffen. Nach Sortierung und mechanischer Trennung ist eine Weiterverarbeitung zu Styroporgrieß möglich. Die Kunststoffweiterverarbeitung kann darüberhinaus mit Mischern und Formautomaten Isolierplatten und andere Baustoffe kostengünstig aus Polystyrol herstellen.

Eine andere Fraktion nach der Zerlegung und Sortierung von Elektronikschrott besteht aus Karton und Papier. Altpapierverwerter sortieren und verpressen diese Wertstoffe und stellen sie der altpapierverarbeitenden Industrie zur Verfügung.

Einige Gehäuseteile der Unterhaltungselektronik bestehen aus Holz.

Nach mechanischer Zerkleinerung und Separation von Fremdanhaftungen entstehen Späne, aus denen mit den entsprechenden Leim- und Preßwerkzeugen Spanplatten als Baustoff hergestellt werden.

Die in den Altgeräten enthaltenen Batterien werden entnommen und in zwei Gruppen sortiert. Wie bereits vorher dargestellt gibt es Batterien aus Schwermetallegierungen, die mangels wirtschaftlicher Wiederverwertung als Schadstoffe einzuordnen sind. Falls jedoch die Batterie aus sortenreinen Metallen bzw. Schwermetallen besteht kann der Verwertungsbetrieb die Bestandteile in einem besonderen Verarbeitungsprozeß trennen. Dabei entstehen Blei und Kadmium als Rohstoffe. Weiter Bestandteile können Eisen, Quecksilber, Mangan und Nickel sowie Zink sein.

Einige Batterien enthalten Schwefelsäure, die ebenfalls bei entsprechender Behandlung einem Verwerter zugeführt werden kann.

Die Zerlegung von Bildröhren erfordert eine spezielle Anlagentechnik, die später zu erläutern ist. Beim Zerlegen der Bildröhren entstehen als Wertstoffe Stahlschrott, schadstoffentfrachtetes Blei- und Bariumglas.

Der Stahlschrott wird in der Eisenschmelze wieder zu Roheisen verarbeitet und Normalglas kann wieder in der Glasindustrie als hochwertiger Rohstoff eingesetzt werden.

Um eine hohe Lichtbrechung im Konusglas zu erreichen, kann dieses einen Bleianteil von bis zu 24 % enthalten. Deshalb wird dieses hochangereicherte Bleiglas bevorzugt in Bleischmelzen eingesetzt, um einerseits das enthaltene Blei wiederzugewinnen und andererseits die Schlackenbildung in der Bleischmelze zu fördern.

Das von der Leuchtschicht gereinigte Frontscheibenglas oder Linsenglas enthält einen sehr hohen Bariumanteil. Dieses Bariumglas eignet sich bis auf wenige Ausnahmen nicht für den Einsatz als Behälterglasrohstoff. Da es nach völlig unterschiedlichen Rezepturen hergestellt wird, können auch die Bilröhrenhersteller dieses hochwertige Glas leider nicht für eine erneute Bildröhrenproduktion einsetzen.

Viele Recyclingbetriebe orientieren sich deshalb nach anderweitigen Verwertungsmöglichkeiten. Einige davon sind die Nutzung von zerkleinertem Bariumglas als Füllstoff beim Straßenbau oder als Zuschlagsstoff für die Baustoffindustrie. Dieser Verwendungszweck ist völlig unbedenklich, da das Schwermetall Barium als Oxid im Glas chemisch gebunden ist.

In Deutschland versucht die Glasindustrie ein granuliertes Bariumglas über einen Drehrohrofen in Blähglas umzuwandeln. Dieses Blähglas besitzt außerordentlich gute wärmedämmende Eigenschaften und könnte nach erfolgreichem Verlauf dieser Versuche Bestandteil von Wärmedämmstoffen werden.

Vereinheitlichung von Bildröhrenglas

In der Zukunft wird es sicherlich möglich sein, Vereinheitlichungen von Rezepturen für die Bildröhrenglasherstellung zu erreichen. Wenn beim Konusglas die Bleirezepturen und beim Schirmglas die Bariumrezepturen vereinheitlicht werden können, eröffnen sich die Bildröhrenhersteller eine preiswerte werkstoffliche Wiederverwertung ihrer eingesetzten Glassorten.

Vereinheitlichung des Einsatzbereiches für Kunststoff

Eine zukünftige Vereinheitlichung des Einsatzes für Kunststoffe in der Elektrotechnik und Elektronik wird ebenfalls ein entscheidender Fortschritt für die Wiederverwertung sein. Es ist nämlich davon auszugehen, daß gerade dieses Material dann in umfassender Weise auch zukünftig eingesetzt wird.

Die den Kunststoffen anhaftenden Eisen- und Metallanteile können nach mechanischer Zerkleinerung durch die entsprechenden Separationstechniken mit guten Ergebnissen getrennt werden. Problematisch ist die Trennung der unterschiedlichen Duro- und Thermoplaste. Eine Weiterverarbeitung kann, wenn überhaupt, durch spezielle Kunststoffverarbeitungsverfahren erfolgen.

Die meisten Kunststoffanteile sind in den Gehäuseelementen, Verpackungseinheiten, den Chassisteilen und einigen Bauelementen enthalten.

Eine letzte Fraktion nach der Demontage sind brennbare und ungefährliche Stoffe wie z.B. Gummi, Gewebe Textilien u.a. Diese Fraktion kann der Aufbereiter gegebenenfalls noch von enthaltenen Metallen trennen und einer Verbrennung zuführen.

1.2.4 Beschreibung des Elektronikschrottaufkommens nach Entfallstellen

Je nach Art der Entfallstelle setzt sich das Aufkommen von Elektronikschrott hinsichtlich der Geräte unterschiedlich zusammen. So dominieren beim Elektronikschrott aus dem kommunalen Aufkommen besonders die Bildschirmgeräte, die sonstige Heimelektronik sowie übrige Haushaltgeräte.

Das Aufkommen aus dem gewerblichen Bereich besteht vor allem aus Rechentechnik sowie Bürokommunikation.

Die Verwertung des Elektronikschrottes von Elektro- und Elektronikherstellern besteht in vielen Fällen nicht nur aus Altgeräten, sondern aus verschiedenen Produktionsabfällen mit einheitlichen Merkmalen hinsichtlich Wert- und Schadstoffanteilen.

Kriterien der Vorsortierung

Diese unterschiedlichen Aufkommensarten sind zweckmäßigerweise getrennt zu halten, damit sie nach aufkommensspezifischen Kriterien der Vorsortierung von Schadstoff- und Wertstoffträgern entfrachtet bzw. separiert werden können.

Der Demontageprozeß erfolgt dementsprechend in erster Linie nach den jeweils enthaltenen Wert- und Schadstoffträgern.

Damit stellt die separate Erfassung und Lagerung der verschiedenen Aufkommensarten und die Wahl von aufkommensspezifischen Sortierktiterien zur Verbesserung der Wirtschaftlichkeit für die Schad- und Wertstoffe vor dem Demontageprozeß eine wesentliche wenngleich auch nicht hinreichende Bedingung für die Wirtschaftlichkeit des anschließenden gesamten Wiederverwertungsprozesses von Elektronikschrott dar. Im Zweifel muß dabei aus Sicherheitsgründen das Sortierkriterium für den Schadstoff Vorrang vor dem des Wertstoffes haben.

1.3 Beschreibung wichtiger Gerätegruppen unter Berück - sichtigung ihrer stofflichen Bestandteile.

Der kommunale Elektronikschrott aus den privaten Haushalten setzt sich aus einer großen Vielzahl verschiedener elektrischer und elektronischer Geräte zusammen.

Im Interesse einer rationellen Demontage und deren Aufbereitung sollte deshalb der Demontagebetrieb vor der Verarbeitung eine entsprechende Eingangssortierung vornehmen.

kommunaler Elektronikschrott

Der größte Anfall im kommunalen Elektronikschrott besteht aus Fernsehgeräten. Diese Gerätegruppe enthält vor allem folgende Materialien:

- Holz und Kunststoffe der Gehäuse,
- Bleiglas, Bariumglas und Normalglas der Bildschirme,
- Kabel und Litzen für elektrische Verbindungen,
- kupferhaltige Komponenten wie Trafos, Ablenkspulen sowie bestückte Leiterplatten,
- Stahl in Form von Befestigungsbauteilen, Chassisrahmen, Bildröhrenelementen, Spannelemente u.a.,
- aluminiumhaltige Bauteile wie Kühlkörper, Abschirmeinheiten sowie einzelne Gehäusebestandteile.

Zu den nicht wertstoffgleich verwertbaren bzw. entsorgungspflichtigen Stoffen in dieser Gerätegruppe gehören die flammhemmerbelasteten Kunststoffe, Holzbestandteile sowie die PCB-haltigen Kondensatoren.

Verwertungsquote von Fernsehgeräten

Fernsehgeräte setzen sich aus folgenden Gewichtsanteilen zusammen:

1. Bestandteile mit werkstoffgleichen Wiederverwendungsmöglichkeiten

	%	
- Eisen	17	
- Bildröhrenglas	41	
- Aluminium	1	
- Trafos	3	
- Platinen	7	
- Kupferdraht	1	
- Kupferkabel	1	
gesamt:		71

2. Bestandteile mit werkstoffungleichen Verwertungsmöglichkeiten

- Kunststoff	10	
- Holz	18	
gesamt:		28

3. besonders überwachungsbedürftige Abfälle

- Kondensatoren	0,5	
- Leuchtschicht	0,5	
gesamt:		1
		100

Wie wir an diesem Beispiel der Fernsehgeräte erkennen, kann der Wiederverwertungsbetrieb bereits nach dem heutigen Stand der Technik 71 % eines Fernsehgerätes (Bild 1) werkstofflich verwerten und weitere 28 % einer energetischen Nutzung zuführen.

Er ist gezwungen, lediglich ca. 1 % des Gesamtgewichtes als besonders überwachungsbedürftigen Abfall zu entsorgen.

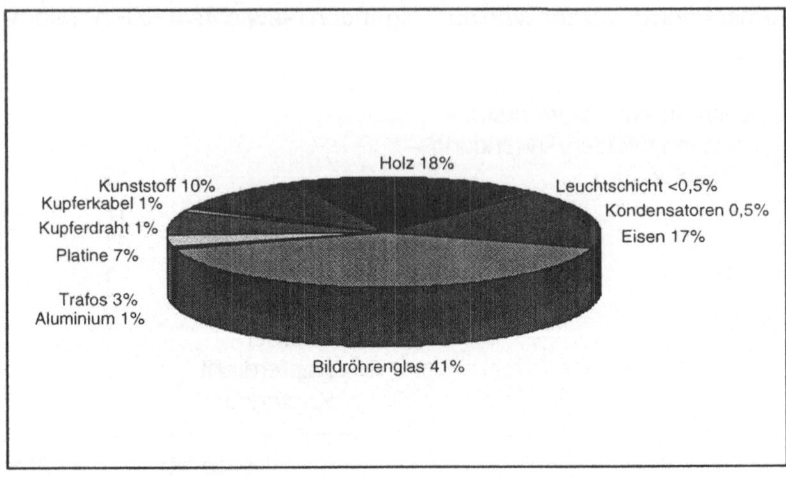

Bild 1: Materialzusammensetzung von Fernsehgeräten

Eine große Produktgruppe umfaßt die elektrischen Haushaltgeräte (Bild 2). Hierzu zählen Kühlschränke, Herde, Waschmaschinen, Mikrowellengeräte, Geschirrspüler u.a. In den nächsten Jahren ist mit einem Aufkommen von über 13 Mio. Stück zu rechnen. Diese Menge entspricht einem Gesamtgewicht von über 600.000 Tonnen.

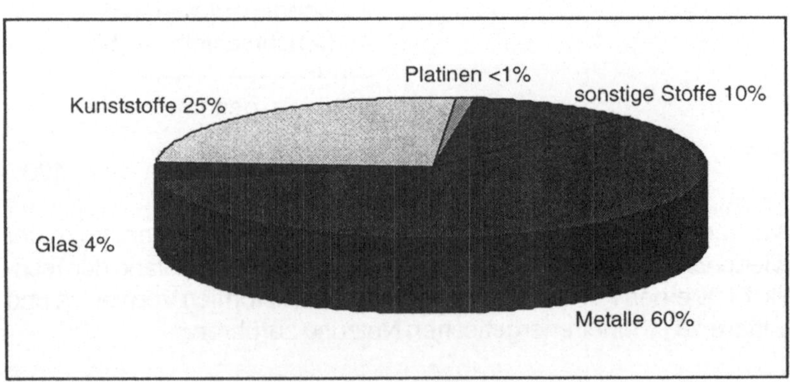

Bild 2: Materialzusammensetzung elektrischer Haushaltgeräte

Elektrische Haushaltgeräte bestehen aus folgenden Gewichtsanteilen:

Verwertungsquote von Haushaltgeräten

1. Bestandteile mit werkstoffgleichen Wiederverwendungsmöglichkeiten

	%	
- Metalle	60	
- Glas	4	
- Platinen	1	
gesamt:		65

2. Bestandteile mit werkstoffungleichen Verwertungsarten

- Kunststoffe	25	
- sonst. Stoffe	10	
gesamt:		35
		100

3. besonders überwachungsbedürftige Abfälle treten gemessen am Gesamtaufkommen dieser Gerätegruppe in sehr kleinen Gewichtseinheiten auf und bestehen aus PCB-haltigen Kondensatoren, Batterien, Asbest und Schwermetallen.

Bereits heute werden über 90 % der erfaßten Altgeräte verwertet. Dabei bestätigt die Erfassung des Elektronikschrottes im kommunalen Bereich, daß vor allem Kleingeräte in den Haushaltgerätegruppen wie Staubsauger, Küchenmaschinen, Kaffeemaschinen, Toaster u.ä. zahlenmäßig dominieren.

Erfassung von Kleingeräten

Charakteristisch für diese Haushaltkleingeräte ist jedoch der relativ hohe Kunststoff mit über 50 % sowie der geringe Metallanteil mit 25 %. Analysen über Erfassungsmengen dieser Kleingeräte ergaben, daß nach wie vor eine große Menge von den Haushalten in die Restmülltonne gebracht wird. Die ungeordnete Entsorgung findet jedoch regelmäßig ein Ende, wenn die Kommunen über Wertstoffhöfe und Depotcontainer attraktive Erfassungssysteme für Elektronikschrott stellen.

Da sich in den letzten Jahren die in den privaten Haushalten verwendeten technischen Ausstattungen kontinuierlich erhöht haben, ist damit zu rechnen, daß das Mengenaufkommen aus diesem Bereich laufend steigt und dementsprechend die kommunale Erfassung ausgebaut wird.

Kleingeräte der Unterhaltungselektronik (Bild 3) repräsentieren eine andere wichtige Recyclinggruppe. Man kann gegenwärtig einschätzen, daß jährlich über 100.000 Tonnen Kleingeräte der Unterhaltungselektronik in Form von Radios, Plattenspieler, Videorecorder und andere zu Abfall werden.

Kennzeichnend für diese Geräte sind ein höherer Kunststoff- bei kleinerem Metallanteil sowie elektronische Komponenten in Form von Platinen, Kabel, Trafos, Schalter, Stecker u.a.

Häufig nutzen die Haushalte gebrauchte Geräte mehrfach, bevor sie schließlich verwertet werden. Erst nach dem endgültigen Verlust der Gebrauchseigenschaften dieser Produkte erfolgt also ein Recycling.

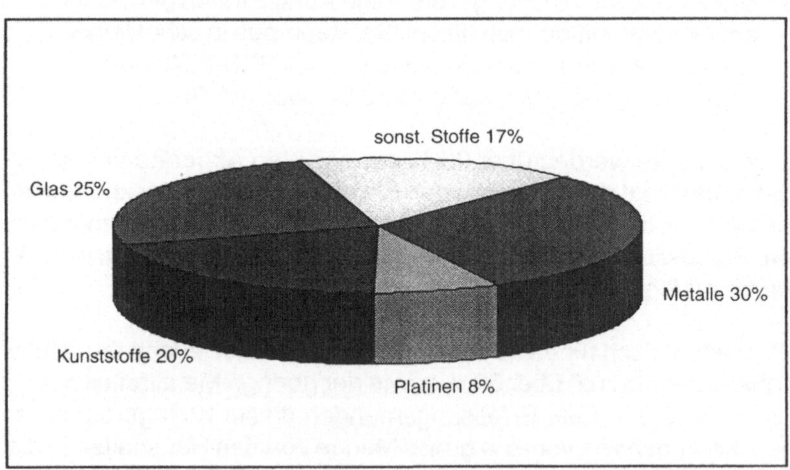

Bild 3: Stoffliche Zusammensetzung der Unterhaltungselektronik

Diese Geräte der Unterhaltungselektronik umfassen ein sehr großes Sortiment und sind technisch sehr unterschiedlich aufgebaut. Dementsprechend erhöhen sich die Aufwendungen für die Demontage und die Sortierung der Bestandteile. Da darüberhinaus im Vergleich zu anderen Gerätegruppen in diesen Kleingeräten der Unterhaltungselektronik wenig Wertstoffanteile enthalten sind, müssen deshalb die erforderlichen Aufwendungen für die Wiederverwertung in erster Linie aus Zuzahlungen der Kunden für die Entsorgungsleistungen finanziert werden.

braune Ware

Dieser in großen Mengen in nahezu jedem Haushalt anfallende Schrott der Unterhaltungselektronik wie Hifi-Anlagen, Videorecorder, Magnetbandcassettengeräte und andere bezeichnet der Handel auch als braune Ware. Die Wiederverwertungsquote der erfaßten Mengen beläuft sich bereits auf 75 - 80 %.

Eine weitere wichtige Gerätegruppe aus Industrie, Gewerbe, Dienstleistungsunternehmen und öffentlicher Verwaltung stellt die EDV-Technik dar. Hierzu zählt die gesamte Hardware der Informationsverarbeitung.
Am Gesamtaufkommen des Elektronikschrottes hat die Informationsverarbeitung einen Gewichtsanteil von 15 - 20 %.

Zur Zeit fallen in der Bundesrepublik Deutschland nach unseren Schätzungen folgende Mengen von Altgeräten der Informationsverarbeitung an (Bild 4):

- 8,5 Mio. Geräte in Form von PC's, Workstations und Rechner,
- 3 Mio. Bildschirmgeräte,
- 2,5 Mio. Drucker,
- 19,0 Mio. Kleinrechner,

Der größte Anteil dieser wiederverwertbaren Gerätegruppe fällt im industriellen und gewerblichen Bereich an. Im Gegensatz zur Unterhaltungselektronik enthalten sie einen hohen Metallanteil und sind damit werthaltiger.

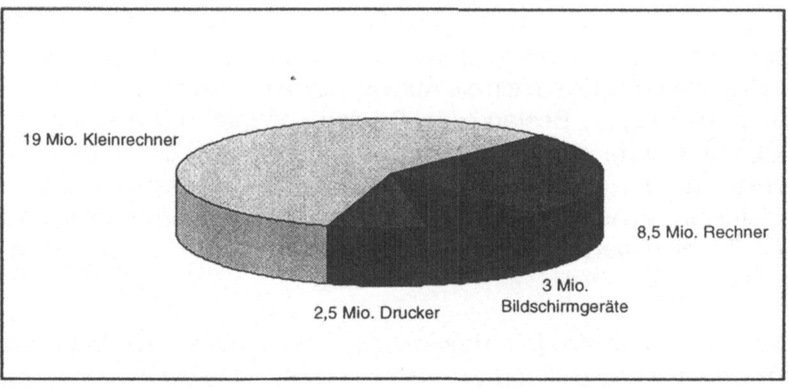

Bild 4: Mengenaufkommen über EDV-Technik

Eine weitere wichtige Gerätegruppe in der Elektronikschrottverwertung entsteht aus der gesamten Telekommunikationstechnik wie Telefone, Faxgeräte und Funktechnik. Diese Gerätegruppe stellt einen Gewichtsanteil von 8 % am Gesamtaufkommen dar.

umweltfreundliche Kommunikationstechnik

Wie bei den Geräten der elektronischen Informationsverarbeitung erfüllen die neueren Geräte der Kommunikationstechnik bereits weitgehend die Anforderungen einer werkstoffgleichen Wiederverwertung nach deren Gebrauch. Dabei berücksichtigt die Entwicklung und Konstruktion dieser Geräte bereits wichtige Demontageaspekte.

In den Telefonendgeräten ist im Gegensatz zu den Geräten der Informationstechnik mit 50 % ein hoher Kunststoffanteil zu finden.

Im Interesse des Umweltschutzes geht es bei der Konstruktion von Telekommunikationsgeräten vor allem um eine Minimierung der Umweltbelastung während des gesamten Produktlebenszyklus'.

Dabei wird bei den Herstellern auf eine ressourcenschonende Produktion, während der Nutzungsdauer auf geringen Energieverbrauch und nach der Nutzung auf eine gute Demontagefähigkeit und eine stoffliche Verwertung geachtet.

Zu den wichtigsten Komponenten dieser Gerätegruppe gehören edelmetallhaltige Platinen, Stecker und Verbindungselemente, Gehäuse, Chassis, Rückwände mit Steckkontaktierungen, Schalter, Trafos, Bildröhren, Ablenkspulen, PCB-haltige Kondensatoren, Relais, selenbeschichtete Kopiertrommeln, Hallogenlampen, Aluminiumbestandteile, sortenreine und gemischte Kunststoffe und anderes.

Die in den Fraktionen enthaltenen Wertstoffe umfassen vor allem Kupfer, Zinn, Blei, Eisen, Aluminium, Messing und Edelmetalle.

Die vorhandenen Verbundwerkstoffe bestehen aus Metallkeramikleiterplatten und kupferkaschierten Harzen sowie Glasfasergewebe. Sonstige Werkstoffe sind hierbei Mineralglasfüllstoffe in Kunststoffen, Keramikwerkstoffe, Lacke und Überzüge.

Ein weiteres wichtiges Aufkommen entsteht in der Medizintechnik. Man kann davon ausgehen, daß in den nächsten Jahren ca. 40.000 Tonnen Altgeräte pro Jahr anfallen. Diese Geräte haben einen Metallgehalt von über 70 %.

radioaktive Kontaminierung

Für die Aufbereitung und Verwertung medizintechnischer Geräte sind keine besonderen Verwertungstechniken gegenüber anderen Gerätegruppen der Elektronikschrottverwertung erforderlich. Man sollte jedoch auf die speziellen Gegebenheiten des Anwendungsbereiches eingehen. So sollte der Demontagebetrieb mögliche radioaktive Kontaminierungen überprüfen.

Die zur Medizintechnik gehörenden großen und mittleren Gerätearten sind in bekannter Weise für die Wiederverwertung erreichbar.

Problematisch ist jedoch die Erfassung solcher individueller Diagnosegeräte wie z. B. elektronischer Fieberthermometer, Blutdruckmesser, kleine Blutanalysegeräte und anderes. Da diese Produkte noch nicht getrennt erfaßt werden, belasten sie unnötigerweise die Hausmülldeponien.

Die Einführung spezieller Rücknahmesysteme könnte diesen Mißstand ändern. Diese besondere Problematik bezieht sich natürlich auf alle sogenannten mülltonnengängigen Geräte.

Eine andere Gerätegruppe besteht aus Produkten der Beleuchtungstechnik. Die bekanntesten Lampenarten sind Glühlampen, Leuchtstofflampen, Quecksilberdampfentladungslampen, Hallogenlampen und andere.

Entladungslampen

Eine Besonderheit innerhalb dieser Produktgruppe stellen die Entladungslampen dar. Zu ihnen gehören Leuchtstofflampen, Quecksilberdampfhochdrucklampen, Natriumdampfhochdrucklampen sowie andere Energiesparlampen. In all diesen Produkten ist das umweltrelevante Quecksilber in unterschiedlichen Konzentrationen enthalten.

Für die Handhabung dieser Produkte ist die Verordnung zur Bestimmung von Abfällen bzw. Reststoffen (Bundesgesetzblatt Teil 1, Seite 614 und 631 vom 30.04.1990) zu berücksichtigen. Die Inhaltsstoffe definiert man hierbei als besonders überwachungsbedürftige Abfälle bzw. überwachungsbedürftige Reststoffe. Aus diesem Grund dürfen verbrauchte Lampen nicht in Verbindung mit Hausmüll bzw. hausmüllähnlichen Industrieabfall oder Bauschutt entsorgt werden. Sie müssen durch zugelassene stationäre Aufbereitungsanlagen fachgerecht wiederverwertet werden.

Allein in Deutschland fallen jährlich über 95 Mio. verbrauchte Entladungslampen an. Dieses hohe Aufkommen erfordert das Funktionieren geeigneter Aufbereitungsverfahren für die jeweiligen Lampenarten. Als Technik zum Recyceln von Leuchtstofflampen können spezielle Glasbrennmaschinen mit einer guten Wirtschaftlichkeit eingesetzt werden.

Die Altgeräte aus der Meß-, Steuer- und Regelungstechnik kann man in einer weiteren Recyclingruppe zusammenfassen. Ihr Gesamtaufkommen am Elektroschrott beträgt ca. 200.000 Tonnen pro Jahr. Die Produkte besitzen einen hohen Metallanteil. Vielfach verwendet man für die Meß-, Steuer- und Regelungselemente massive Blechschränke.

Wichtige Fraktionen aus dem Recycling dieser Geräte bestehen aus Steuerplatinen, Leistungselektronik, Schaltelemente (Schütze, Relais und ähnliches), Kabel und Litzen, Kontaktierungselemente, Transformatoren, Sensoren sowie Befestigungsmittel und andere.

Man kann davon ausgehen, daß mit ca. 180.000 Tonnen Altgeräte die Erfassungsquote dieser Gerätegruppe überdurchschnittlich hoch liegt. Die für die Wiederverwertung erforderlichen Demontage- und Verwertungseinrichtungen erfordern keine besondere Technik. Der in den Geräten vorhandene hohe Metallanteil ermöglicht niedrige Verwertungskosten.

Schalt-elemente

Einige Schaltelemente insbesondere die Kontaktgeber enthalten häufig Edelmetalle wie Silber, Palladium und andere. Um eine Rückgewinnung vorhandener Edelmetalle vornehmen zu können, müssen die Kontaktperlen vom übrigen Material getrennt bzw. gelöst werden. Da diese Leistungen in vielen Fällen manuell erfolgen muß, ist jedoch eine vertretbare Wirtschaftlichkeit selten erreichbar.

Schadstoffe sind in der Regel, wenn überhaupt, im nichtmetallischen Material anzutreffen.

Readkontakte mit Quecksilber

Lediglich die sogenannten Readkontakte enthalten Quecksilber. Da das Quecksilber sich in einem geschlossenen Glasröhrchen befindet ist darauf zu achten, daß während der Demontage kein Glasbruch entsteht.

Die nächste Recyclinggruppe setzt sich aus elektrischen Maschinen- und Antriebstechnik zusammen. Zu ihr gehören unter anderen Elektromotoren, Strom- und Spannungswandler, Generatoren, Stromführungselemente der Starkstromtechnik sowie Lastverteilungseinheiten und andere.

In den Fraktionen dieser Gerätegruppe sind hohe Metallanteile enthalten. Sie ermöglichen bei vertretbarem Demontageaufwand eine hohe Metallausbeute. Die Aufbereitung von Motoren, Transformatoren, Generatoren sowie Kupferwicklungen mit massiven Eisenkern erfolgt auf mechanischen Wege durch Zerkleinerung, Materialaufschluß, Magnetabscheidung und Separation von Nichteisenmetallanteilen.

Mechanische Verarbeitungsaggregate wie sogenannte kleinere speziell konzipierte Metallschredder können den Eisenanteil dieser Gerätegruppe von dem NE-Metallanteil in einem ersten Schritt sauber trennen, so daß die Metallfraktion mit weiteren Verfahren wie der

Schwimmsink- und Schmelztrenntechnik oder sonstigem physikalischen Aufschluß aufbereitet werden kann.

Eine Besonderheit innerhalb der Elektronikschrottverwertung sind die Batterien. Wir finden sie als Bestandteil unterschiedlicher Geräte in Form von Knopfzellen, Akkumulatoren, Kohlezinkbatterien und andere Batterien. Sie sind im hohen Maße schadstoffbelastet.

schadstoffbelastete Batterien

Es fallen hierbei vor allem die umweltschädigenden Stoffe Quecksilber, Kadmium, Nickel, Blei, sowie Säuren und Laugen an. Diese Stoffe sind z. B. in Hörgeräten als Knopfzellen mit Nickelkadmiumanteilen aber auch in quecksilberhaltigen Spezialbatterien enthalten. Eine Rückführung, Sortierung oder Deponierung von nichtverwertbaren Teilen dieser Fraktionen ist sehr kostenaufwendig.

Leider sind kaum spezielle Verwertungsverfahren für die schadstoffbelasteten Batterien vorhanden. Sicherlich wird jedoch die technische Entwicklung für diese Batterien in der Zukunft wirtschafliche Aufbereitungsverfahren schaffen.

1.4 Bewertung der Komponenten nach der Demontage

funktionstechnische Merkmale

Unabhängig von der Definition für Elektronikschrott aus dem Entwurf der Elektronikschrottverordnung können wir ihn auch mit fünf gemeinsamen Merkmalen trotz unterschiedlicher Form, Größe und Funktion der verschiedenen Gerätegruppen gut definieren.

Er enthält die folgenden Bauteile:

- Gehäuse, Bauelementeträger und Befestigungselemente,
- Litzen, Kabel und Kabelbäume,
- elektronische Flachbaugruppen und Bauteile,
- elektromechanische Komponenten,
- Spulen und Wicklungskomponenten.

Zwar schwanken die Werkstoffanteile der Gerätegruppen erheblich, die gemeinsamen Komponenten stellen jedoch technisch für den Verwertungsprozeß immer dieselben Fragen.

1.4.1 Gehäuse, Bauelementeträger und Befestigungselemente

Charakteristische und häufige Komponenten sind Chassis, Blenden, Gestelle, Abdeckungen, Rückwände, Verkleidungen und ähnliches. Diese Bauteile sind durch einen hohen Anteil von Verbundwerkstoffen aus Glas, Metallen und Kunststoffen gekennzeichnet.

Zu vorher genannten Komponenten gehören Bauteile wie Scharniere, Rollen, Füße, Halterungen, Schilder, Metall- und Kunststoffeinsätze, Griffe, Schrauben, Schalter, Logos usw., die vor allem aus Metallen, Kunststoffen, Glas und Stahl bestehen und mit verschiedenen Oberflächenbeschichtungen aus Lacken, Emaillen, Duro- bzw. Thermoplasten verbunden sind.

1.4.2 Litzen, Kabel und Kabelbäume

Einzelbestandteile dieser Komponenten bestehen vor allem aus Stecker, Kabel, Kennzeichnungen, Kabelbinder, Kunststoffummantelungen, Sensoren und Kontaktierungsbauteile. Leider ist eine entsprechende Klassifizierung einzelner Bauteile bei der Demontage vor allem wegen der vorher genannten Typenvielfalt problematisch.

Wir finden in diesen Bauteilen vor allem organische Werkstoffe als PVC, Duroplaste, Thermoplaste und Elastomere sowie als metallische Werkstoffe in Form von Kupfer, Eisen, Messing, Aluminium, Edelmetalle.

1.4.3 Elektronische Flachbaugruppen und Bauteilkomponenten

Zu dieser Gruppe gehören Bauelemente, Steckerleisten, Leiterplattenmaterial und Metalle. Schwierigkeiten bei der Wiederverwertung entstehen vor allem wegen der Verbundmaterialien und den besonders aufzubereitenden Teilen sowie den wirtschaftlichen Anforderungen an die Trenntechnik.

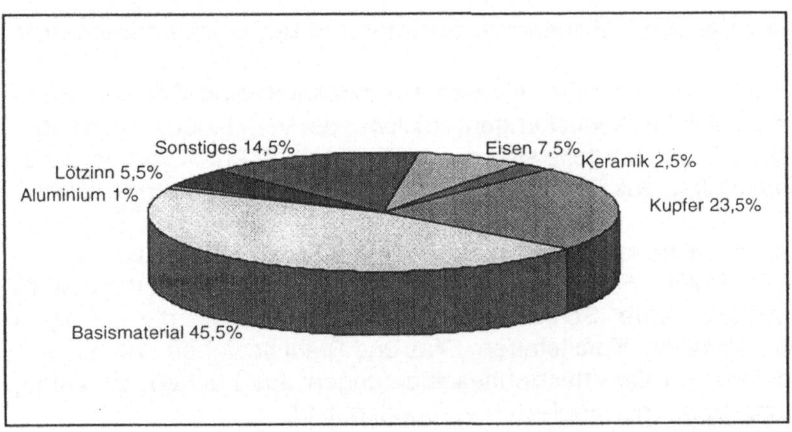

Bild 1: Zusammensetzung von Platinen der Unterhaltungselektronik

Elektronische Flachbaugruppen bestehen aus einer großen Anzahl verschiedener Bauelemente, elektrischer Verbindungen, zahlreicher Kleinteile aber auch Schadstoffen. Ein Verwertungsbetrieb kann diese verschiedenen Kleinteile mit ihrem geringen Gewicht und den unterschiedlichen und in größer Vielzahl anfallenden Materialverbunden nur mit einer aufwendigen Trenntechnik beherrschen.

Leiterplatten-bestandteile

Die vorhandenen organischen Werkstoffe sind Epoxidharze, Vergußmaterialien, Duroplaste, hallogen- und bromhaltige Flammschutzmittel. Metallische Werkstoffe findet man hierbei in vielfältiger Anwendungsweise als Kupferkaschierung, Zinn als Lötverbindungen, Aluminium als Kühlkörper, Eisen als Trafokerne und Edelmetalle als Kontaktierungselemente (Bild 1). Die große Typenvielfalt enthält häufig Verbindungen, die nur durch physikalische Zerstörung getrennt werden können. Darüberhinaus finden wir eine große Anzahl von kleinen und kleinsten Kunststoffteilen in einer breiten Palette von Metallgemischen.

1.4.4 Elektromechanische Komponenten

Charakteristische Einzelbestandteile sind unter anderem Verkleldungen aus Metall und Kunststoffen, Wellen und Achselemente, Zahnräder aus Metall und Kunststoff, Lager, elektrische Antriebe, Edelstahlteile, Rotationselemente und andere.

Für diese Bauteile ist in vielen Fällen keine Kennzeichnung schadstoffhaltiger Bauteile vorhanden. Problematisch ist auch die hohe Bauteilevielfalt. Im Einzelfall können höhere Aufwendungen für die Abfallbeseitigung auftreten. Wir finden die in der Elektrotechnik bekannten organischen Werkstoffe wie ABS, PVC, Elastomere und viele andere.

Die verwendeten metallischen Werkstoffe bestehen vor allem aus Stählen und Legierungen, Nichteisenmetalle wie Messing, Kupfer, Bronze, Aluminium, Titan, Kupferkabel, verzinkte, verchromte und vernickelte Metalle.

1.4.5 Spulen und Wicklungskomponenten

Diese Komponenten bestehen aus Drähten, Kabeln, Klemmen, Stekker, Blechen, elektronischen Bauteilen, Schrauben und anderes. In dieser Typenvielfalt sind zahlreiche unlösbare Verbindungen enthalten. Wir finden zahlreiche kleine Kunststoffteile und vielfältige Materialgemische.

Als organische Werkstoffe verwendet man häufig PVC und Duroplaste, die metallischen Werkstoffe bestehen hauptsächlich aus Kupfer und Eisen.

2. Gegenwärtiger Stand der Verwertung von Elektronikschrott und Beschreibung der Mengenaufkommen

Da an Verwertungsunternehmen für Elektronikschrott hohe Anforderungen an die Beschaffungslogistik, Demontage, Wertstofftrennung und Schadstoffentsorgung gestellt werden, sind zum gegenwärtigen Zeitpunkt, wenn überhaupt, nur einzelne Unternehmen in der Lage eine Wiederverwertung von Elektronikschrott technisch, wirtschaftlich und umweltschonend vorzunehmen.

Weil sich auch die gesamte Technik der Wiederverwertung von Elektronikschrott in der Entwicklung befindet, können lediglich Unternehmen bereits Wiederverwertungsaufgaben übernehmen, die sich durch hohe technische Kompetenz auszeichnen.

Wettbewerbssituation

Da sich darüberhinaus um diesen entstehenden Markt eine Reihe von recht unterschiedlichen Wettbewerbsgruppen bemühen, hat sich bereits ein scharfer Preiswettbewerb entwickelt. Teile dieses scharfen Preiswettbewerbes sind jedoch nur als kurzfristig zu betrachten, da sie auf Unkenntnis der Marktanbieter beruhen.

Deutlich zeichnet sich die Politik einiger finanzstarker Unternehmen ab, mittelständische Unternehmen mit ihrer Finanzkraft entweder aus dem Markt zu verdrängen oder aber diese aufzukaufen. Dabei ist zu vermuten, daß der Versuch unternommen wird, monopolartige Angebotsformen bei der Entsorgung der Gebietskörperschaften aufzubauen.

Diese besondere Dynamik sowohl in der technischen Entwicklung als auch in der Wettbewerbsposition von Wiederverwertungsunternehmen des Elektronikschrottes stellt höchste Anforderungen an das technische Wissen, wirtschaftliche Kompetenz und auch an die Finanzkraft.

Aus unserer Sicht zeichnet sich zur Zeit eine Arbeitsteilung im Markt ab, in der regionale Erfassungs- und Demontagebetriebe möglicherweise in Zukunft mit überregionalen Betrieben zusammenarbeiten, die über die technisch anspruchsvolle und finanziell aufwendige Werkstofftrenntechnik verfügen.

Zusammenarbeit mittelständischer Unternehmen

Da die Wiederverwertung von Elektronikschrott eine große Affinität zum Stahl- und NE-Metallrecycling hat, sollten mittelständische Unternehmen ihre gemeinsamen Interessen in den etablierten Verbänden wie dem BDS (Bundesverband der Deutschen Stahl-Recyclingwirtschaft e.V.) oder dem VDMA (Verband Deutscher Maschinen- und Anlagenbau e.V.) bündeln, um über technischen Austausch Kooperationsabkommen, Zertifizierung, rechtliche Beratung usw. ihre Position zu stärken.

Wir glauben, daß zum gegenwärtigen Zeitpunkt die oben genannten Verbände eine besondere Rolle für den Mittelstand in der Entwicklung der Wiederverwertung von Elektronikschrott übernehmen müssen.

Preisentwicklung der Elektronikschrottverwertung

Da die Wertstoffgutschrift aus der Wiederverwertung von Elektronikschrott zweitrangig ist, müssen die Wiederverwerter für ihre hohen Aufwendungen in der Logistik, Demontage und der Trenntechnik sowie Schadstoffentfrachtung ein Entsorgungsentgelt verlangen.

Im Jahre 1994 lagen diese Entgelte je nach Größe der Geräte, Typen und Anfallmengen in folgenden Bereichen:

	in DM
- Bildschirmgeräte:	25,00 - 60,00 pro Stück
- EDV-Geräte incl. PC's:	0,55 0,90 pro kg
- Unterhaltungselektronik:	0,60 - 2,50 pro kg
- Peripheriegeräte der EDV.:	0,80 - 1,80 pro kg
- Haushaltgroßgeräte	15,00 - 100,00 pro Stück

Besonders wichtig ist festzustellen, daß nur mit diesen Entgelten sämtliche Kosten der Demontage, der Wertstofftrennung und der Schadstoffentsorgung unter Berücksichtigung einer Wertstoffgutschrift abzudecken sind.

In der gesamten Wiederverwertungskette haben dabei die Logistikkosten eine besondere Bedeutung. Aus diesem Grunde ist es zweckmäßig, die Demontagetätigkeit in die Nähe des Elektronikschrottanfalles zu installieren.

Anforderungen für die Verwerter

Unter Berücksichtigung der möglichen Anforderungen des Entwurfes der Elektronikschrottverordnung und derjenigen des Kreislaufwirtschaftsgesetzes werden zukünftig Elektronikschrottverwerter zwei verschiedene Anforderungen zu erfüllen haben, mit denen sie ihre Kompetenz und Zuverlässigkeit als Fachbetrieb nachweisen müssen:

1. Exakter Nachweis über die Verwertung aufbereiteter Bestandteile mit einer gesicherten Technik,

2. Zertifizierung als Fachbetrieb auf der Grundlage sich entwickelnder, einheitlicher und bundesweiter Bewertungsvorgaben und damit der Nachweis der Zuverlässigkeit

2.1 Beschreibung des Mengenaufkommens von Elektronikschrott

In der Bundesrepublik Deutschland fielen allein im Jahr 1994 1,5 Mio. Tonnen Elektronikschrott an. Darin waren 900.000 Tonnen Gebrauchsgüter und 600.000 Tonnen Investitionsgüter enthalten.

Entwicklung des Elektronikschrottaufkommens

Die vorher genannte Menge enthält über 2 Mio. PC's, von denen etwa 700.000 aus Haushalten entsorgt werden. Die Brisanz der zukünftigen Wiederverwertungsaufgaben mit Elektronikschrott wird daraus ersichtlich, daß trotz kräftigem Rückgang der Konsumgüterkonjunktur in den Jahren 1993/94 die Haushalte den PC-Einkauf um über 10 % steigerten.

Der ZVEI schätzt, daß bereits im Jahr 1998 das Elektronikschrottaufkommen um 1/3 auf 2 Mio. Tonnen ansteigen wird.

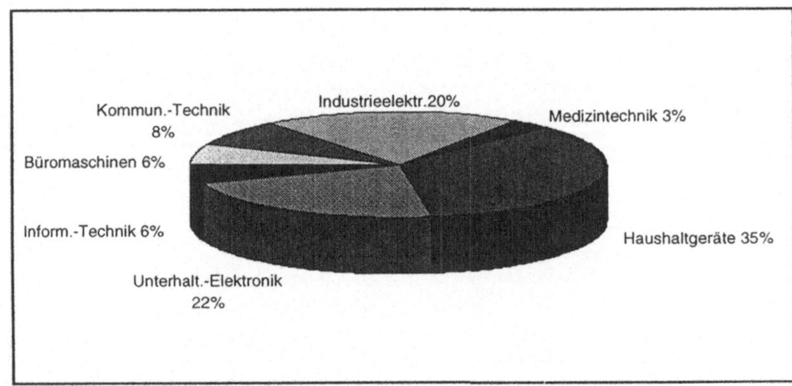

Bild 1: Gesamtaufkommen 1994 nach Gerätegruppen

Im Gesamtmengenaufkommen 1994 (Bild1) waren ca. 35 % Elektro- und Haushaltgeräte sowie Werkzeuge und ähnliches enthalten. Der Anteil von Geräten aus der Unterhaltungselektronik betrug 22 %. 6 % entfielen auf den Bereich der Informationstechnik. Ebenfalls 6 % stellen Büromaschinen dar, 8 % des Gesamtaufkommens entfiel auf die Kommunikationstechnik, 20 % der Geräte stammte aus den Bereichen Industrieelektronik, Meßsteuer- und Regelungstechnik usw. Der Anteil medizinischer Systeme und Labortechnik betrug 3 %.

Wegen der steigenden Ausstattungsrate mit EDV und Unterhaltungselektronik werden sich die genannten Anteile zukünftig zu gunsten dieser beiden Gruppen verschieben.

Obwohl Elektronikschrott nicht pauschal als erheblicher Umweltbelastungsfaktor zur Zeit zu bezeichnen ist, sollte in Anbetracht des rapide ansteigenden Elektronikschrottanfalles zügig eine Wiederverwertung der Werkstoffe als auch eine umfassende Entsorgung der Schadstoffe flächendeckend eingeführt werden.

Wiederverwertungsanteile

Die Wiederverwertung von Elektronikschrott hat aber bereits gegenwärtig eine beachtliche Bedeutung.

So verwerten Elektronikschrottbetriebe in der Bundesrepublik Deutschland pro Jahr

	in t
Eisenmetalle	600.000
Kupfer	84.000
Aluminium	60.000
sonstige NE-Metalle	15.000
Kunststoffe	250.000
Glas	80.000
elektr. Bauelemente	40.000
Schadstoffe u.a.	500
Gesamt:	1129.500

Die Recyclingquote beträgt demnach zur Zeit 75 %.

Mengenaufkommen

Einige Veröffentlichungen über Mengenaufkommen aus den kommunalen Bereichen oder entsprechende Anfallmengen der gewerblichen Bereiche widersprechen sich zum Teil erheblich. So reichen die Angaben über durchschnittliche pro Kopf Aufkommen des kommunalen Bereiches von 30 kg pro Einwohner und Jahr bis an die untere Grenze von ca. 1 kg pro Einwohner und Jahr.

Um ein relativ sicheres Zahlenmaterial zu erhalten, wurden repräsentative Gebietskörperschaften nach Elektronikschrottmengen analysiert und ausgewertet. Dabei hat sich gezeigt, daß es kaum Unterschiede zwischen Wohngebieten der Städte und der Landgemeinden gibt. Sowohl die Menge als auch die Art der Geräte sind weitgehend identisch.

Der größte Anteil des Elektroschrottes aus kommunalen Bereichen besteht aus Fernseh- bzw. Bildschirmgeräten. Die nächstfolgende Gruppe besteht vor allem aus Staubsaugern, verschiedenen Küchengeräten wie Kaffeemaschinen, Grillgeräten, Mikrowellengeräten sowie Heizgeräten.

braune Ware

Im Jahresdurchschnitt beträgt allein der Aufkommensanteil der braunen Ware pro Einwohner und Jahr ca. 3 kg.

weiße Ware

Eine Erfassung der weißen Ware (Kühlschränke, Waschmaschinen, Geschirrspüler, Elektroherde und anderes) ergibt einen Anteil von ca. 7 - 8 kg pro Einwohner und Jahr.

Da sich die Geräte in ihrem Aufbau, in ihrer Funktion sowie in den Bestandteilen ständig vervollkommnen, ist es eine komplexe Aufgabe auf diesen sich ständig verändernden Markt zu reagieren und für die Schadstoffentsorgung sowie Wertstoffgewinnung den Stand der Technik einzusetzen. Das hohe jährliche Schrottaufkommen und dessen weiteres Wachstum stellt dabei ständig neue Anforderungen an die Elektronikschrottverwertungsbetriebe.

Erfassungsmengen

Aber nicht nur die steigende Ausstattungsrate der Haushalte mit elektrischen und elektronischen Geräten wird das Mengenaufkommen der Zukunft erheblich erhöhen, sondern auch die zu erwartende Elektronikschrottverordnung. Da zur Zeit 25 % des Elektronikschrottes nicht erfaßt wird und es sich hierbei im wesentlichen um die mülltonnengängigen Geräte handelt, wird die Erfassungsmenge überdurchschnittlich ansteigen und damit erhebliche Anforderungen an die Anpassungsfähigkeit der Verwertungsbetriebe nicht nur hinsichtlich der Technik sondern auch deren Verarbeitungskapazität stellen.

2.2 Elektronikschrottaufkommen in Haushalten ohne weiße Ware

Um das Mengenaufkommen aus den Gebietskörperschaften ohne Berücksichtigung der weißen Ware in seiner Vielzahl darzustellen, haben wir den Elektronikschrottanfall nach Gerätegruppen in Gewichtsprozent aufgeschlüsselt:

	%	
Fernseh- und Bildschirmgeräte	44,0	
Kassettenrecorder	2,0	
Plattenspieler	2,0	
Tonbandgeräte	1,5	
Stereoanlagen	1,0	
Radios	3,0	
Videorecorder	0,5	
Unterhaltungselektronik gesamt:		54,0
Staubsauger	6,0	
Kaffeemaschinen	4,0	
Bügeleisen	3,0	
Heizgeräte	2,0	
Haartrockner	1,0	
Warmwasserheizgeräte	1,0	
Toaster	0,5	
Elektrogeräte gesamt:		17,5
EDV-Technik und Zubehör	15,0	
Drucker und Schreibtechnik bzw. Reproduktionstechnik	5,0	
EDV-Technik gesamt:		20,0
sonstige Geräte und Komponenten		8,5
Elektronikschrott ohne weiße Ware gesamt:		100,0

Unterhaltungselektro-

Die bedeutendste Gerätegruppe der braunen Ware stellt die Unterhaltungselektronik dar, die einen Anteil von 54 % am Schrottaufkommen hat. Dabei dominieren die Fernseh- und Bildschirmgeräte.

Da der Glasanteil bei Fernsehgeräten mit ca. 40 % den höchsten Anteil hat, kommt bei diesen Geräten der Entsorgung von Glas eine besondere Bedeutung zu.

Haushaltgeräte

Die zweitwichtigste Gruppe mit einem Gewichtsanteil von 17,5 % stellen die Haushaltgeräte dar, die tendenziell in großer Anzahl jedoch bei kleinen Geräten noch unzureichend anfallen. Erwähnenswert ist ferner, daß diese kleineren Geräte nur mit höhrem Aufwand zu demontieren sind und gleichzeitig der schwierig zu verwertende Kunststoffanteil höher ist.

EDV-Technik

Die drittgrößte Gruppe der Hausgerätekonsumgüter stellt die EDV-Technik dar, die sich insbesondere durch rasante Wachstumsraten kennzeichnet.

Auf den durchschnittlichen 3 Personenhaushalt in der Bundesrepublik Deutschland ergibt sich somit ein Elektronikschrottaufkommen von 33 kg im Jahr, das sich aus einem Anteil der braunen Ware von 9 kg und einem der weißen Ware von 24 kg zusammensetzt.

Wenn man verschiedene Mengenangaben über Elektroschrott wertet, sollte man natürlich auch verantwortlicherweise das damit verbundene Gefährdungspotential hervorheben.

Wesentlich in diesem Zusammenhang sind deshalb konktrete Aussagen über Belastungen von Deponieraum und Verbrennungskapazitäten sowie Belastungen des Grundwassers und der Luft. An anderer Stelle des Buches wird deshalb auf besondere Aufgaben für die Zukunft eingegangen. Sie umfassen vor allem Konsequenzen und Schwerpunkte, die besondere Anforderungen für die Konstruktion und Entwicklung der Geräte stellen.

Das Volumen des Elektronikschrottaufkommens und die in der Vergangenheit zum Teil verwendeten Werkstoffe können bei unkontrollierter Ablagerung bzw. Verbrennung erhebliche Belastungen für das Grundwasser und die Luft verursachen.

ökologische Produktgestaltung

Da gleichzeitig die Konsumenten in verstärktem Umfang Kaufentscheidungen nach ökologischen Gesichtspunkten treffen, haben die Hersteller von elektrischen und elektronischen Geräten unabhängig von den zukünftigen Forderungen des Kreislaufwirtschaftsgesetzes und der sonstigen Umweltschutzgesetzgebung bereits ihre Fertigung in zweifacher Hinsicht umgestellt:

- einerseits vermeiden die Haushaltgerätehersteller weitgehend umweltgefährdende Schadstoffe und
- andererseits werden diese Werkstoffe so konstruiert, daß zukünftige Demontageprozesse und Verwertungsmöglichkeiten kostenseitig so weit wie möglich entlastet werden.

Damit integrieren die Hersteller in ihre Fertigungskonzepte bereits heute zukünftige Verwertungskosten ihrer Geräte nach der Nutzungsdauer.

Zusammenfassung

Wir können zusammenfassend feststellen, daß die Produktionswirtschaft sowohl auf die ökologischen Anforderungen der Verbraucher reagiert aber auch die Absichten der Gesetzgebung für die Zukunft in ihrer gegenwärtigen Fertigung berücksichtigt.

Diese beiderseitig verantwortliche Haltung der Verbraucher als auch der Hersteller wird zukünftig die gegenwärtig noch komplizierten Wiederverwertungswege des Elektronikschrottes ebnen und damit auch volkswirtschaftliche Kosten senken.

3. Verfahrenstechniken zur Aufbereitung der Fraktionen des Elektroschrottes

Unter Verfahrenstechnik verstehen wir eine selbständige Ingenieurwissenschaft, bei denen Stoffe hinsichtlich Zusammensetzung, Eigenschaften und Art verändert werden.

Grundlagen

In der Wiederverwendung von Elektronikschrott setzen die Betriebe hauptsächlich folgende Verwertungswege und Verfahren ein:

- Eisenhüttenwesen,
- Umschmelzwerke für NE-Metalle,
- Elektrolyse in Scheideanstalten,
- weitere umwelttechnische Verfahren.

Die Verfahrenstechnik kann man also als Stoffumwandlungstechnik bezeichnen. Ebenso wie die Fertigungstechnik und Energietechnik ist die Verfahrenstechnik ein Teil der Produktionstechnik.

Stoffumwundlungsprozesse

Eine Stoffumwandlung kann durch folgende Prozesse erfolgen:

1. Änderung der Stoffart durch chemische Reaktionen u.a.

2. Änderung der physikalischen Zusammensetzung z.B. durch filtrieren oder destilieren verschiedener Stoffe.

3. Änderung der physikalischen Eigenschaften wie z.B. der Feuchtigkeit eines Produktes durch trocknen oder Korngrößenveränderungen durch Zerkleinern.

Auch durch physikalische Verfahren werden also Zusammensetzungen und Eigenschaften von Stoffen geändert z.B. Verbundstoffe getrennt. Mit Hilfe chemischer Verfahren können Stoffarten umgewandelt werden.

Die Aufgaben der Verfahrenstechnik gliedern sich deshalb in folgene Bestandteile:

1. Erarbeitung wissenschaftlicher Grundlagen und theoretischer Erkenntnisse der Stoffumwandlungsvorgänge.

2. Entwicklung geeigneter Produktionsverfahren durch optimalen Einsatz der erarbeiteten Grundlagen.

3. Projektierung und Dimensionierung der Produktionsanlagen.

4. Inbetriebnahme sowie Überwachung der Produktionsanlagentechnik.

Um Produkte kostengünstig zu bearbeiten und um flexibel auf die sich ändernden Erfordernisse des Marktes zu reagieren, ist eine anpassungsfähige jedoch mechanisierte Aufbereitung bzw. Trenntechnik erforderlich.

In Anbetracht der hohen Lohnkosten in der Bundesrepublik Deutschland hat damit der Elektronikschrottverwerter die Aufgabe, seine Verfahrenstechnik weitgehend zu mechanisieren, möglichst zu automatisieren und so zu konfigurieren, daß die Technik auf die vielfältigen Anforderungen des Marktes eingestellt werden kann.

Prozeßleittechnik

Hierbei kommt der Prozeßleittechnik eine besondere Bedeutung zu, mit der der Verfahrensprozeß nach konkreten Vorgaben geleitet wird. Wir verstehen unter dem Begriff Leiten die Gesamtheit aller Maßnahmen, die einen zielgerichteten Prozeßablauf ermöglichen. Die im Prozeß gewonnenen Informationen werden über die Leittechnik in den Prozeß eingebracht. Man kann also sagen, daß die Prozeßleittechnik verfahrenstechnische Abläufe automatisiert, die Stoffströme koordiniert sowie die Dosierung der Eingabe und den Abfluß der Wertstoffe überwacht.

Eine Prozeßleitsystem umfaßt demzufolge Sensoren, Rechentechnik sowie prozeßbezogene Software.

3.1 Physikalische Verfahrenstechniken zur Wertstoffgewinnung aus den Fraktionen des Elektronikschrottes

Die im folgenden dargestellte trockenmechanische Aufbereitung von wertstoffhaltigen Elektronikschrott ist eine umweltfreundliche, wirtschaftlichere und dem Stand der Technik entsprechende Möglichkeit zum Aufschluß und zur Separation der im Elektronikschrott vorhandenen Wertstoffe.

Diese Trenntechnik wird bereits auf anderen Gebieten eingesetzt, die KRUPP GfT, Essen hat allerdings dieses vorhandene Verfahren an die Anforderungen der Wiederverwertung von Elektronikschrott angepaßt, so daß eine integrierte neue Anlagentechnik entwickelt worden ist.

Die in rein mechanischer Form gebundenen Kunststoff- und Metallanteile lassen sich ohne umweltschädliche Emissionen durch eine besondere Form der selektiven Schneid- und Mahltechnik trennen.

Das grundlegende Ziel dieses Aufbereitungsverfahrens ist, die Adhäsion zwischen dem sich im Verbund befindlichen Stoffe aufzuheben und somit Rohstoffe nach entsprechender Separation in den stofflichen Kreislauf zurückzuführen.

Verfahrensmerkmale

Diese Schneid- und Mahltechnik ist durch folgende Verfahrensmerkmale gekennzeichnet:

- durch Einsatz einer Kaltschneidetechnik wird ein Verbundwerkstoff zerkleinert,
- durch Anwendung von Bewegungsenergie werden in einem geschlossenen Kreislauf Stoffe durch Mahlung aufgeschlossen und getrennt,
- dabei handelt es sich ausschließlich um eine mechanische Bearbeitung,
- das Verfahren vermeidet nachteilige Temperaturentwicklungen und erfordert auch keine Wärmeenergie,

- das Verfahren benötigt keine Flüssigkeiten und funktioniert im trockenen Zustand, so daß die aufwendige Entsorgung von Schlämmen umgangen wird,
- es wird mit geringem Energieaufwand gearbeitet, so daß eine Wirtschaftlichkeit erreicht wird.
- die separierten Wertstoffe sind von hoher Qualität und Reinheit und damit verwertungsfähig.

ökologische Betriebsweise

Wegen des emissionsfreien Betriebes arbeitet dieses Verfahren mit höherer Sicherheit und kann deshalb auch von Behörden vereinfacht genehmigt werden.

Da in dem Verfahren weder Temperaturen und damit Abgase entstehen noch zu entsorgende Flüssigkeiten verwendet werden, kann der Verwerter es mit einem günstigeren Aufwand umweltverträglich einsetzen.

Die einzelnen Verfahrensschritte bestehen aus:

- Vorschneiden,
- Mahlen und
- Separieren,

die das ausschließliche Anliegen im Aufschluß der Materialverbunde und der sortenreinen Separation verfolgen.

3.1.1 Vorzerkleinerung und Aufschluß der Materialverbunde

Die hauptsächlichen Materialverbunde aus dem Elektronikschrott sind bestückte und unbestückte Leiterplatten, Litzen und massive Kabel, verschiedene Kupferwicklungen mit Kunststoffanhaftungen usw.

Kaltschneidtechnik

Diese Verbundmaterialien werden in der Regel durch eine besondere Kaltschneidtechnik auf geeignete Korngrößen gebracht, so daß bereits ein Materialaufschluß entsteht.

Alternativ zur Kaltschneidtechnik können eine Reihe verschiedener Mühlen wie Hammermühlen, Kugelmühlen oder Kabelshredder u.ä. mechanische Aufbereitungsaggregate die notwendige Zerkleinerung sowie einen Materialaufschluß sicherstellen. Zweckmäßigerweise wird der Bearbeitungsbetrieb nach dem mechanischen Materialaufschluß in einem ersten Schritt die magnetischen Eisen- und Stahlteile separieren, um die folgenden Bearbeitungsvorgänge zu entlasten.

selektiever Feinaufschluß durch Prallmühlen

Um einen weiteren Aufschluß des verbliebenen Materials zu erreichen, muß eine Auflösung des Verbundes stattfinden. Hierzu können Mühlen aus der Zerkleinerungstechnik erfolgreich eingesetzt werden.

Durch gezielte Einwirkung von Energie in einer Mühle wird der Materialverbund aufgelöst, so daß Metalle wegen ihrer Verformbarkeit koagulieren und sich verkugeln und damit vom Kunststoff separiert werden können. Die Nichtmetalle - beim Elektronikschrott sind dies in erster Linie Kunststoffe - bleiben im wesentlichen unverändert.

Die Konstruktion der Mühle und die Einstellung des Mahlvorganges sind abhängig vom Mahlgut, so daß nur eine umfassende Erfahrung mit dieser Technik eine saubere Separation gewährleistet und damit die notwendige Qualität der Fertigprodukte sicherstellt.

Entscheidend bei diesem Verfahren ist, daß entstehende Reibungswärme durch große Luftströme abgeführt wird, so daß eine Temperaturerhöhung des Mahlgutes weitgehend vermieden wird. Damit umgeht dieses Verfahren Abgasproblemen, die bei der Kunststoffaufbereitung entstehen können.

sonstige Technik für den Materialaufschluß

Eine Trennung des Materialverbundes ist bei groben Metallanteilen auch ohne Mühle durch Kabelshredder möglich. Diese Technik eignet sich vor allem für die Metallgewinnung aus massiven Kupferkabeln. So lassen sich Drähte mit einem Mindestdurchmesser von 1mm bis zu 95 % aufschließen und separieren. Ähnliche Ergebnisse erreicht man auch bei einigen mit hohen Metallanteilen bestückten Leiterplatten.

Um genannte schwerere Materialverbunde zu trennen und zu separieren, kann man darüber hinaus noch andere Kaltschneidtechniken wie z.B. Rotorscheren, Walzenschneider, Universalzerkleinerer anwenden.

Um den Materialaufschluß zu erreichen werden ferner häufig Hammermühlen eingesetzt. Bild 1 zeigt die Funktionsweise dieser Technik.

Für den Aufschluß von Kunststoff/Metallverbunden in einer Kühlkammer oder für die Bearbeitung von Glas/Keramikanhaftungen eignet sich diese Technologie gut.

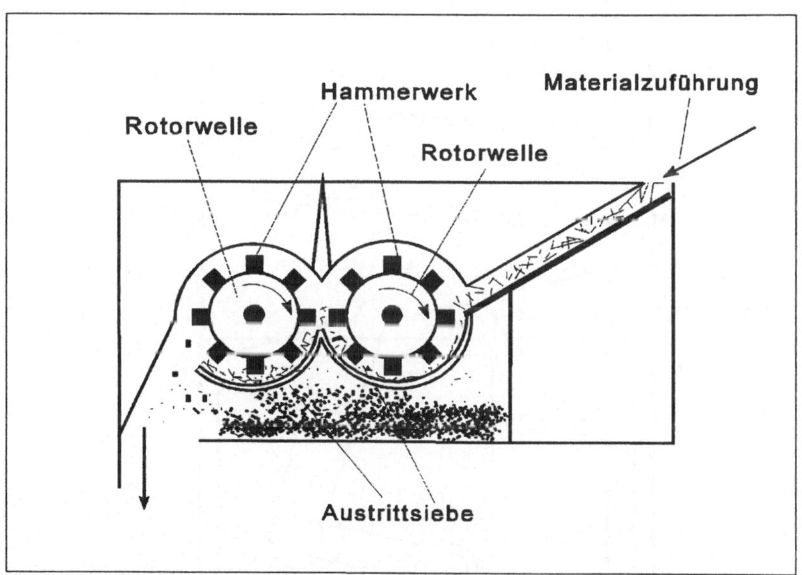

Bild 1: Funktionsweise einer Hammermühle

Wegen der hohen Anlagenkosten erfordert jedoch dieses Verfahren ein größeres Bearbeitungsvolumen, um wirtschaftlich betrieben werden zu können.

3.1.2 Separationstechniken für die Wertstoffgewinnung

Trenntisch-separation

Die wichtigste Separationseinrichtung nach dem mechanischen Aufschluß ist der Trenntisch (Bild 2).

Dieser besteht aus einer, um ca. 15 bis 35 Grad geneigten Ebene, die eine schwingende Aufwärtsbewegung durchführt. Die Auflagefläche ist siebähnlich ausgeführt.

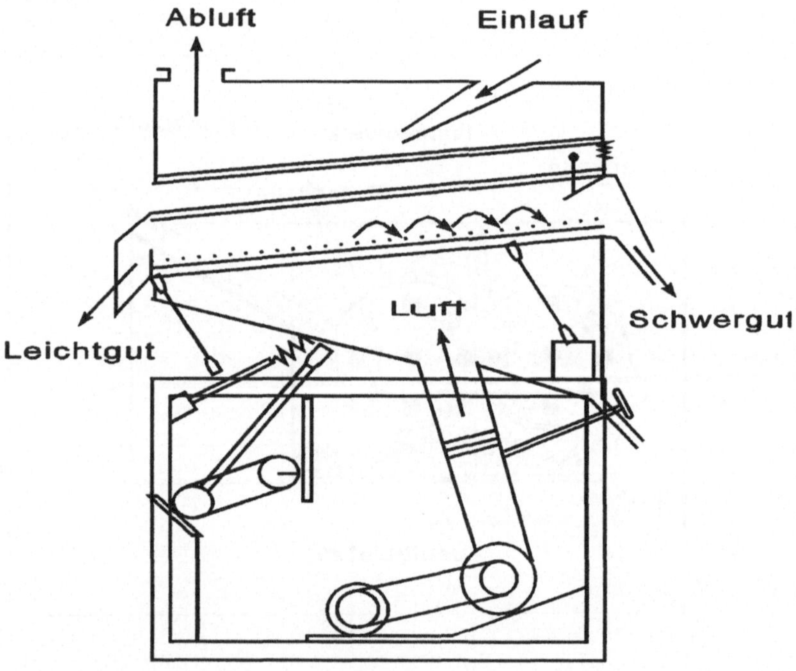

Bild 2: Trenntisch für die Separation von Metall-/Nichtmetall-gemischen

Das Materialgemisch wird von oben, auf den mittleren Teil der schwingenden, siebartig ausgerichteten Ebene geschüttet. Ein unterhalb der Siebebene und nach hinten (unteres Ende der geneigten Tischebene) gerichteter Luftstrom fördert das nichtverkugelte und in der Regel leichtere Material zum unteren Materialaustritt. Infolge der nach oben gerichteten Schwingbewegung der Siebebene bewegt sich das verkugelte Material nach oben und kann am vorderen Materialaustritt d.h. am oberen Ende der geneigten Ebene entnommen werden.

Man kann durch Veränderungen der Schwingbewegungen (Frequenz und Amplidude) und des Luftstromes sowie der Materialzuführung Fraktionen erreichen, die entweder ein völlig reines Metall sowie ein mit Restmetallanteilen von 1 - 2 % behaftetes Kunststoff- bzw. Nichtmetallgemisch erhalten oder, wenn ein sauberer Kunststoff bzw. Nichtmetall erreicht werden soll, eine Metallfraktion mit Reststoffanteilen von ca. 1 - 2 %.

Der Trenntisch ist also in der Lage, entweder einen sortenreinen Kunststoff- bzw. Nichtmetallanteil oder ein sortenreines Metall durch Einstellung entsprechender Betriebsparameter zu erzeugen.

Windsichtung

Eine wichtige Separationsmethode für die Trennung bestimmter aufgeschlossener Kunststoffmetallgranulate ist die Windsichtung. Hierbei wird das Material in einen senkrechtstehenden Windkanal von oben hineingebracht. Infolge der Materialspezifik (Gewichts- und Größenunterschiede) kann eine Separation mit Hilfe des gegen die Fallrichtung des Ausgangsmaterials gerichteten Luftstromes erreicht werden.

Für die Anwendung von Windsichtung zur Separation aufgeschlossener, grober Metallkunststoffgemische eignen sich vor allem die Zickzack-Windsichter. Infolge der zickzackförmig angeordneten Materialdurchlaufstrecke entstehen infolge der Materialbewegungen an den Außenflächen des Windsichters spezielle Pralleffekte, die den Separationseffekt in der gewollten Weise unterstützen.

Man kann durch diese Technik zwei und mehr unterschiedliche Fraktionen separieren. Die Einsatzmöglichkeit von Windsichtern für die Separation von Elektronikschrott nach erfolgten Materialaufschluß ist jedoch begrenzt. So kann z.B. ein Separieren sehr kleiner Korngrößen nach einem Feinstaufschluß mit dieser Technik nicht erfolgen.

Magnetabscheider

Eine wichtige Separationsstufe für die Aufbereitung von Elektronikschrott ist die Magnetabscheidung (Bild 3). Hierbei selektiert z.B. ein über einem Transportband angeordneter und beweglicher Fördermagnete das in dem Schnittgut bzw. Granulat enthaltende Eisen heraus.

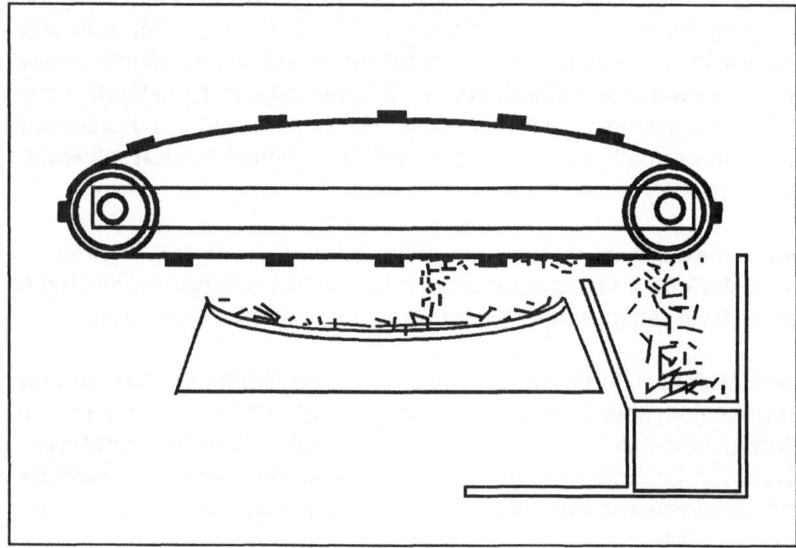

Bild 3: Separation von Eisenteilen durch einen Überbandmagnetabscheider

Außer diesen Überbandmagnetabscheidern werden sehr häufig Förderbänder mit einer Dauermagnettrommel an der Ausbringungsseite verwendet (Bild 4). In speziellen Anwendungsfällen ist eine Regelung der Magnetstärke in Abhängigkeit von dem zu separierenden Eisenanteilen möglich.

elektrostatische Separation

Eine Separation von Kunststoffanteilen aus dem Mischgranulat ist auch durch elektrostatische Trenntechniken zu realisieren. Hierbei wird durch ein elektrisches Feld in Wechselwirkung mit Materialbewegungen ein Magnetisieren des Kunststoffes erreicht. Anschließend kann infolge der elektrostatisch aufgeladenen Kunststoffteilchen gegenüber den neutralen Metallanteilen in Verbindung mit speziellen Ablenkeinheiten die Separation vorgenommen werden. Um eine hohe Reinheit des Materials zu erreichen, kann man natürlich mehrere elektrostatische Trennstufen nacheinander beschikken.

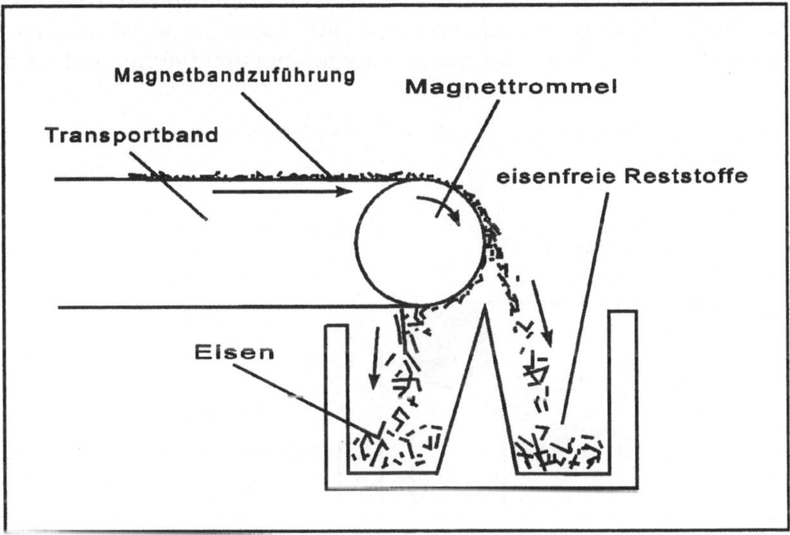

Bild 4: Dauermagnettrommel für die Separation von Eisenmetallen

Mit Hilfe der elektrostatischen Trennung werden Teilchengrößen im Bereich zwischen 0,05 - 2 mm separiert. Für spezielle Materialien wie z.B. Folien können wesentlich größere Teilchen bearbeitet werden.

Die elektrostatische Trenntechnik ist eine relativ häufige Form der Separation von Kunststoffanteilen aus Metallgemischen.

Der Aufbau einer solchen Anlage ist jedoch im Vergleich zu den anderen Separationstechniken relativ investitionsaufwendig. Für eine spezielle, auf einen hohen Reinheitsgrad gerichtete Kunststoffseparation ist sie jedoch in einigen Fällen unersetzlich.

Im Rahmen des Elektronikschrottrecyclings kann man sehr häufig andere kostengünstigere Separationsmöglichkeiten verwenden, um eine ausreichende Aufbereitung zu erreichen.

Wirbelstromtechnik

Ein anderes Separationsverfahren für die Materialtrennung ist die Wirbelstromtechnik (Bild 5). Dabei wird im Gegensatz zu dem vorher beschriebenen Verfahren nicht der Kunststoffanteil, sondern der in der Fraktion enthaltene Nichteisenmetallanteil magnetisiert.

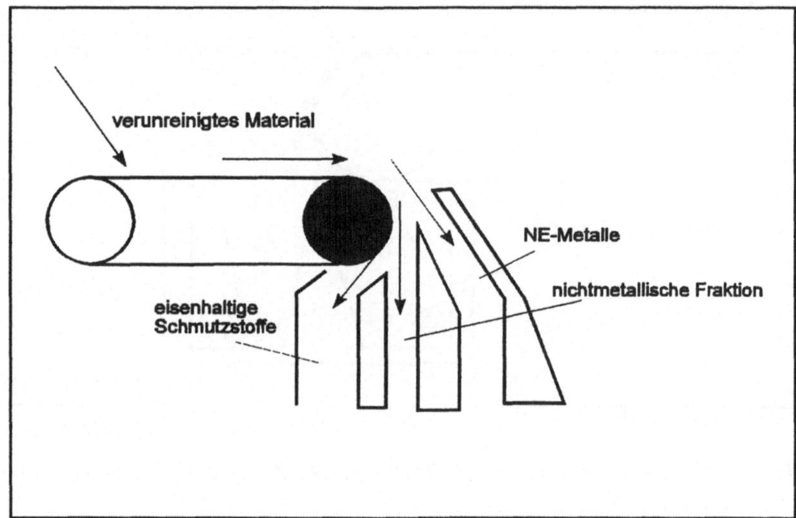

Bild 5: Wirbelstromabscheider zum Entfernen von nichteisenhaltiger Metalle

Die bei der Wirbelstromtechnik ausgenutze Wirbelstrominduktion ist Grundlage für die Funktion von Elektromotoren, Dynamos und Transformatoren.

Hierbei wird durch Änderung des Magnetflusses in einem elektrischen Leiter eine elektrische Ladung induziert, wodurch ein sekundäres Magnetfeld erzeugt wird, daß mit dem primären Magnetfeld reagiert. Dadurch entstehen abstoßende und antreibende Kräfte. Infolge dieser wechselnden Kräfte beginnt der Läufer eines Elektromotors sich zu drehen oder ein Linearmotor sich zu bewegen.

Bei den Wirbelstromscheidern befindet sich in einer nichtmetallischen Kopftrommel eines Förderbandes ein schnelldrehender, magnetischer Rotor (Läufer). Die Drehbewegung des Rotors erzeugt auf der Trommeloberfläche ein magnetisches Wechselfeld.

Funktionsweise der Wirbelstromseparartion

Das Förderband bewegt das zu trennende Material über die Trommel hinweg. Das induzierte Magnetfeld, über das die Materialteile transportiert werden, erzeugt in den elektrisch leitenden Teilchen Wirbelströme. Infolge dieser Ströme entsteht um die Teilchen herum ein unterschiedliches, sekundäres Magnetfeld.

Die Reaktion dieses Feldes mit dem Magnetfeld des Läufers bewirkt eine antreibende und abstoßende Kraft. Dadurch werden elektrisch leitende Teilchen aus dem beförderten Materialgut herausgeschleudert.

Die Reaktion der elektrisch leitenden Teilchen im Magnetfeld des Läufers ist durch folgende variable Faktoren während des Separationsvorganges beeinflußbar:

- Teilchenform
- Teilchengröße
- Leitfähigkeit der Teilchen
- Feuchtigkeitsanteil des Materials
- Dichte
- Größenverteilung
- Zähigkeit
- Faserbestandteile
- Metallanteile.

Der magnetische Fluß und die Magnetfrequenz sind von der Konstruktion des Läufers abhängig. Die Leistungsfähigkeit eines Wirbelstromseparators kann man darüberhinaus durch eine Veränderung folgender Parameter optimieren:

- Geschwindigkeit des Läufers
- Durchsatzmenge des Materials
- Geschwindigkeit des Förderbandes

- Art und Weise der Materialzufuhr
- Veränderung der Leitbleche für die Aufnahme des separierten Materials.

Im Interesse einer kontinuierlichen Prozessfolge sollte man vorzugsweise eisenhaltige Teile vor der Aufbereitung durch den Wirbelstromabscheider entfernen.

Bezogen auf einen optimalen Trenneffekt ergibt sich eine spezielle magnetische Frequenz, die zu berücksichtigen ist. Dazu sind in der Regel relativ hohe Läufergeschwindigkeiten (bis zu 4.000 Umdrehungen pro Minute) erforderlich.

Läufer und Kopftrommel sind zweckmäßigerweise konzentrisch zueinander angeordnet. Dadurch kann über die gesamte Trommeloberfläche die günstigste Magnetwirkung erzielt werden.

Der Läufer kann in beiden Richtungen angetrieben werden. In der Regel findet bei mittleren bis großen Teilen (größer als 10 mm) eine Vorwärtsdrehung statt. Wenn kleinere Teilchen einem beweglichen Magnetfeld ausgesetzt sind, neigen sie dazu, zu rotieren. Diese Teilchenrotation entsteht in der zum Läufer entgegengesetzten Richtung und beschleunigt bei entsprechender Drehrichtung die Vorwärtsbewegung der Metallteile, so daß die Teilchen auf eine getrennte weitere Flugbahn geschleudert werden. Bei einer Umkehrbewegung des Läufers, also entgegen der Förderrichtung des zugeführten Materials, springen die Teilchen in Vorwärtsrichtung.

Bei schwierig zu separierenden Materialien in Form von kleineren Teilchen sollte man unmittelbar hinter dem ersten Leitblech ein zweites anordnen, das sich über der Fallstrecke der nichtmetallischen Teile befindet. Man kann dadurch NE-Metallteilchen gesondert erfassen, die knapp das erste Leitblech verfehlt haben und zurück auf die Trommel fallen, von wo sie ein zweites Mal abgestoßen werden.

Die Investitionsaufwendungen für eine Wirbelstromseparation ist nicht unerheblich. Im speziellen Anwendungsfall kann sie jedoch bei entsprechenden Korngrößen eine gute Separation herbeiführen. Einen erhöhten Trenneffekt durch Wirbelstromtechnik ist durch nacheinanderschalten mehrerer Separationselemente möglich.

Separation durch Klassieren

Bei der mechanischen Separation des aufgeschlossenen und granulierten, metallbehafteten Elektronikschrottes kommt dem Klassieren eine besondere Bedeutung zu. Die Anwendung des Klassierens erfolgt immer dann, wenn

1. eine für den nachfolgenden Verfahrensschritt erforderliche Korngrößenverteilung herzustellen ist,

2. verkaufsfähige Produktanreicherungen mit gewünschter bzw. vorgeschriebener Korngrößenverteilung erzeugt werden müssen,

3. eine Entlastung der Zerkleinerungsmaschinen von Feingut zum Zwecke der Wirkungsgradsteigerung zu erreichen ist.

Die beim Elektrorecycling angewendeteten Klassierverfahren sind:

- Siebklassieren auf Siebböden entsprechend den geometrischen Abmessungen,

- Windsichten (Aeroklassieren) im Luftstrom in Abhängigkeit von der Endfallgeschwindigkeit,

- Stromklassieren (Hydroklassieren) im Flüssigkeitsstrom gemäß unterschiedlicher Endfallgeschwindigkeiten.

Klassieren ist eine Zerlegung von körnig angereichertem Material in vorgegebene Kornklassen unterschiedlicher Größenbereiche.

Siebklassieren

Beim Siebklassieren erfolgt eine Trennung von kornförmigen Anreicherungen in den Siebrückstand (Grobgut) und in den Siebdurchgang (Feingut). Im Idealfall sollte der Durchgang nur Korn enthalten, welches kleiner ist als die Sieböffnung und der Rückstand nur Überkorngrößen, die größer sind als die Sieböffnungen. In diesem Fall entspricht die Trenngrenze gleich der Größe der Sieböffnungen.

Wenn Anreicherungen von Granulatgemischen so getrennt werden müssen, daß mehr als zwei Kornklassen zu erreichen sind, so muß ein Siebeinsatz aus mehreren hintereinandergeschalteten Einzelsieben Verwendung finden.

Siebmaschinen

Die beim Elektronikschrottrecycling am häufigsten eingesetzten Siebvorrichtungen sind die Schwingsiebmaschinen. Durch Unwuchtmotoren bzw. Magnetvibratoren werden Siebrahmen und Siebe in Schwingungen versetzt. Man verwendet dabei Schwingungsbahnen, die linear mit vorgegebener Richtung kreis- oder ellipsenförmig ausgerichtet sind.

Für die verfahrenstechnische Aufbereitung von granuliertem Elektronikschrott eignet sich besonders die Mehrdecksiebmaschine. Man kann hierbei bis zu sechs Siebdecks in einem linearschwingenden Gehäuse übereinander anordnen. Die Maschenweite verringert sich vom oberen zum unteren Siebdeck. Dabei nimmt die Siebneigung zu. Grobanteile trennt man aus dem fast senkrecht durchfallenden Hauptstrom als Fraktion ab und führt sie seitlich heraus. Im untersten Siebdeck erreicht man somit lediglich Partikel, die im Bereich der vorgegebenen Trenngrenze liegen.

3.1.3 Entstaubung für die trockenmechanische Werkstoffaufbereitung

Eine wichtige Komponente der trockenmechanischen Aufbereitung von Elektroschrott ist die Entstaubung. Man unterscheidet nach den Entstaubungsverfahren:

- Schwerkraftentstauber,
- Fliehkraftentstauber (Zyklone),
- Elektroentstauber,
- Filtrationsentstauber sowie
- Waschentstauber (Wäscher).

Für die Abtrennung von Feinstaub setzt man häufig die Filtrationsabscheidung ein. Entscheidend für den Abscheidegrad durch Filtrationsabscheidung ist die Porosität und Faserdicke des Filtermittels.

Ein weiterer Einflußfaktor ergibt sich aus der Anströmgeschwindigkeit. Diese liegt bei Feinststaub unter 300 m/h. Als Filtermittel verwendet man häufig Gewebe, Faserstoffe, gepreßte Kunststoffpartikel u.ä. Filtrationsentstauber können auch als Flächenfilter oder Schlauchfilter gebaut werden.

Mit der Entwicklung hochwertiger Filtermittel ist es möglich, Filtrationsentstauber zum Teil dort einzusetzen, wo früher ausschließlich Naßentstauber und Elektrofilter Verwendung fanden.

Bedeutung von Entstaubungsanlagen

Eine umweltfreundliche und den Arbeitsbestimmungen entsprechende Aufbereitung der Komponenten aus dem Elektronikschrottrecycling erfordert eine sichere und gut funktionierende wirtschaftliche Entstaubung bei der Wertstoffgewinnung sowie der Schadstoffentfrachtung.

Ein staubfreies Granulat bringt darüberhinaus erhebliche Vorteile für die weitere Aufbereitung bzw. Verwertung separierter Granulate.

Während der Zerkleinerung von Thermoplastabfällen auf Schneidmühlen lassen sich bei zahlreichen Materialien gewisse Anteile an Staub, Splitter und faserförmigen Partikeln im Granulat nicht vermeiden. Diese Staubanteile beeinflussen die Qualität der Endprodukte nachteilig und stören bzw. erschweren einen weiteren Bearbeitungsprozeß. Unter bestimmten Bedingungen führen sie infolge elektrostatischer Aufladung, Klumpenbildung und unterschiedlicher Schmelzverhalten zu Prozeßbelastungen während der Verarbeitung.

Entstaubung durch Zickzackwindsichter

Mit geringem Energieaufwand kann durch Einsatz eines Zickzackwindsichters eine effektive, dem Stand der Technik entsprechende Granulatentstaubung des Schneidmühlengutes sicher erfolgen.

Diese bewährte kostengünstige und betriebssichere Technik gewährleistet schärfste Staubabtrennungen im Bereich von ca. 0,3 bis 0,9 mm, welches einer hohen Granulatgüte entspricht.

Ein entsprechender Anlagenaufbau kann in folgender Weise vorgenommen werden: Das in einer Schneidmühle zerkleinerte Material saugt man durch ein Gebläse ab und bläst es in den Zickzacksichter.

Am unteren Ende des Sichters tritt das entstaube Granulat am Schwergutauslauf heraus. Je nach Ausführung kann eine Zellenschleuse am Schwergutauslauf angebracht werden.

In einigen Anwendungsfällen ist es sinnvoll, einen elektronischen Metallausscheider unter der Zellenschleuse anzuordnen. Der am oberen Ende des Sichters ausgetragene Staub wird über einen Zyklon abgeschieden. Der so eingesetzte Zickzacksichter zeichnet sich durch hohe Betriebssicherheit aus.

Die Anwendung dieser Technik im Elektronikschrottrecycling bestätigte, daß kein Verschleiß auftritt und eine Wartung kaum erforderlich ist. Die Anlagen können platzsparend ausgeführt werden, da bereits kleine Sichterbaugrößen hohe Durchsatzleistungen erreichen können.

Der Sichter selbst besteht aus einem senkrechten Kanal mit mehreren aneinandergereihten, zickzackförmigen Gliederelementen. Beim Materialdurchgang überwindet das Sichtgut an jedem Knickpunkt die Sichtströmung. Dabei erfolgt jedesmal eine Sichtung. Beim wiederholten Aufprall des Granulates an den Zickzacksichterwänden findet dabei auch eine Lösung von Haftstaub statt.

Zyklonentstaubung

Eine weitere für die trockenmechanische Wertstofftrennung verwendete Entstaubungstechnik ist die Fliehkraftabscheidung im Zyklon. Die Staubteilchen bewegen sich auf einer Spiralbahn. Die dabei entstehende Fliehkraft führt zur Abscheidung der Staubteilchen.

Die Abscheidegüte eines Zyklons verbessert sich mit abnehmenden Zyklondurchmesser, zunehmenden Druckverlust, wachsender Zyklonhöhe sowie zunehmender Staubkonzentration im Gasmedium. Zur Anwendung kommen drei Zyklonbauarten:

- Axialzyklone,
- Tangentialzyklone und
- Multizyklone.

Entstaubung durch Elektrofilter

Eine weitere Art der Entstaubung ist auch durch Elektroabscheidung realisierbar. Charakteristisch für die Elektroabscheidung ist die Verschiebung der Staubteilchen zu den Abscheideflächen durch elektrostatische Verhältnisse in einem elektrischen Hochspannungsfeld. Elektroabscheider (Elektrofilter) baut man in der Regel als Rohrelektrofilter und Plattenelektrofilter.

In der Prozeßfolge ordnet man Entstaubungsanlagen nach der Vorzerkleinerung und nach der Trennung des Materials ein.

Dabei verpflichtet die Umweltschutzgesetzgebung alle gewerblichen Anlagen deren Emissionen sowie Imissionen ein bestimmtes Maß übersteigt, Genehmigungen einzuholen.

Unter Emission verstehen wir die Einführung luftfremder Bestandteile in die Atmosphäre z.B. Staub oder belästigende bzw. giftige Gase. Imissionen sind Luftverunreinigungen im erdbodennahen Bereich.

Im Bereich der Anlagentechnik darf der MIK-Wert d.h. der Grenzwert der maximalen Imissionskonzentration und der MAK-Wert d.h. der Grenzwert der maximalen Arbeitsplatzkonzentration nicht überschritten werden.

Die Verwendung von Entstaubungsanlagen im Prozeß des Materialaufschlusses und der Separation ist eine entscheidende Voraussetzung für die Prozeßsicherheit und umweltfreundliche Funktionsabläufe.

3.1.4 Anlagenkonfigurationen für die trockenmechanische Wertstoffgewinnung

Die Mindestausstattung für eine Trennanlage des Elektronikschrottes, die Leiterplatten, Litzenkabel sowie Aluminium-Kunststoffverbunde verarbeiten kann, besteht aus folgenden Bestandteilen:

- Kaltschneidtechnik für die Vorzerkleinerung des Materials,
- Magnetabscheider für die Separation der Eisenanteile aus der Fraktion,
- mechanische Trennung der metallischer Bestandteile,
- Entstaubungsanlage für das Separieren feinster Staubteilchen,
- Vorseparation durch eine Siebeinrichtung oder materialspezifischen Windsichtung,
- Trenntische für die Separation von Metallen und Nichtmetallen bzw. bei Metallgemischen die Herbeiführung einer sortenreinen Trennung und einer
- Fördereinrichtung für den Materialtransport zur Abfüllstation.

Bild 6 enthält eine Anlagenkonfiguration eines Schneidrotors für die trockenmechanische Wertstoffgewinnung, wie sie von der Franken Rohstoff GmbH als Patent angemeldet worden ist.

Wertstofftrennung durch Kaltschneidtechnik

Die Wertstoffträger z.B. Kabel, Relais, Schütze, Trafos, Platinen, Chassis u. ä. werden dabei an eine rotierende Messerwelle mit definierten Vorschub herangeführt.

Auf der Welle sind eine Vielzahl von Wendeschneidmessern gleichmäßig verteilt, die in Gegenmesser eingreifen.

Der Elektronikschrott wird durch die Schneidmesser erfaßt, an die Gegenmesser gedrückt, so daß durch die verursachte Scherwirkung im ersten Schnittvorgang eine grobe Materialabtrennung stattfindet.

Am unteren Teil der Maschine mit geringem Abstand zur Rotorwelle befindet sich ein Lochsieb für die Aufnahme des getrennten Materials.

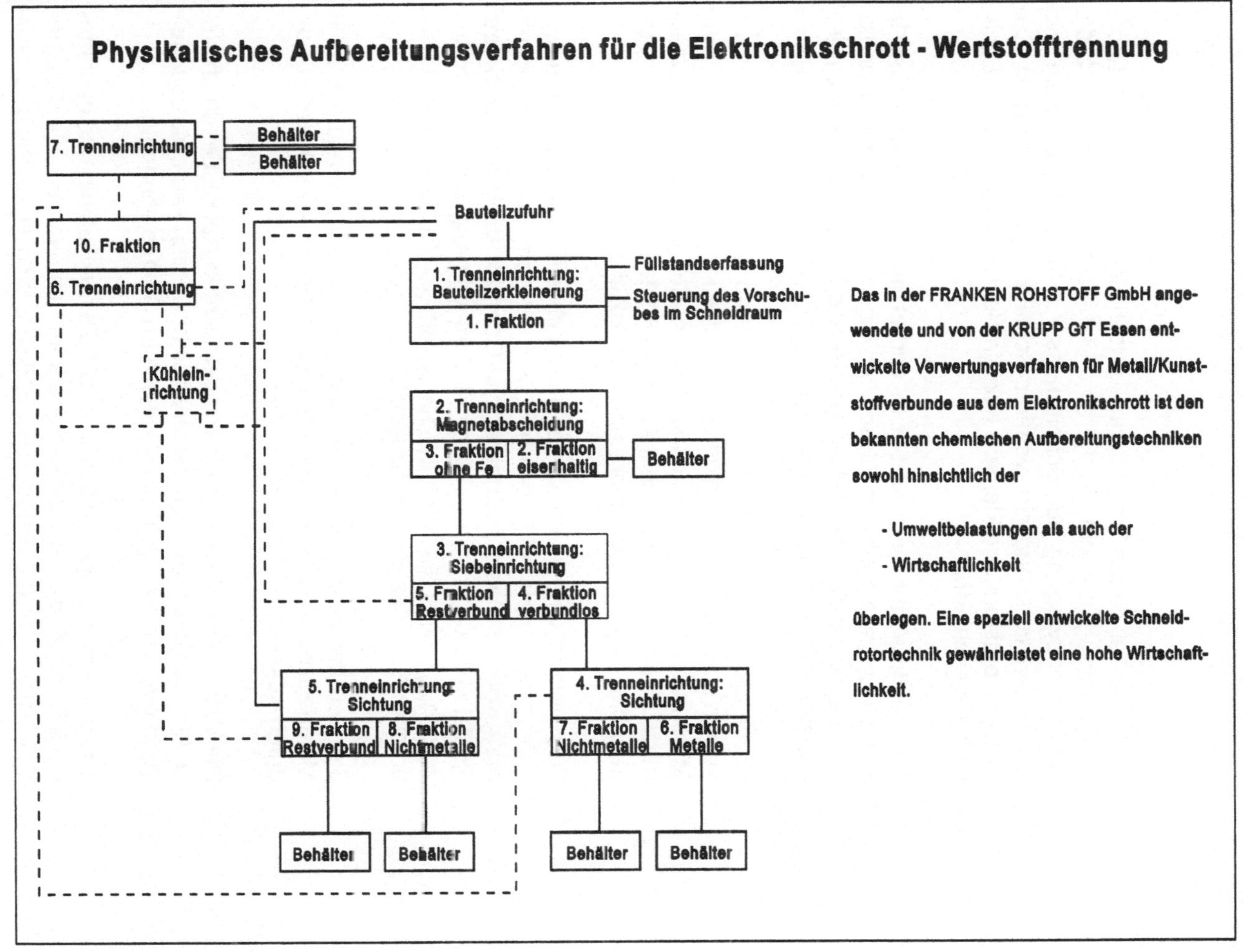

Bild 6: trockenmechanische Wertstofftrennung

Wenn ein Teil dieses Trennmaterials noch nicht die Größe des Lochdurchmessers erreicht, erfolgt eine Materialrückführung durch die Rotationsbewegung der Schnittmesser in den Schneidraum, wo durch den Vorschub ein weiterer Schnittvorgang stattfindet. Die dadurch entstandene kleinere Korngröße wird wiederum im Lochsieb abgeschieden.

Das Festmaterial wird erneut in vorher beschriebener Weise in Schneidvorlage gebracht. Diese Vorgänge wiederholen sich für das Schnittgut bis die Mindestkorngröße des Lochsiebes erreicht ist, die einen Materialausfall ermöglicht.

Durch die Verwendung von Sieben mit konstruktiv genau festgelegtem Lochdurchmessern und Stegbreiten in Abhängigkeit von dem Materialverbund, den Materialeigenschaften und den Materialabmessungen unterschiedlicher Ausgangsmaterialien ergeben sich erkennbare und berechenbare unterschiedliche Trenneffekte.

Das Material wird durch die spezielle Schneidtechnik aus dem mechanischen Verbund gebrochen und mit dem Schneidvorganges herausgelöst. Das entstandene lose Gemisch aus Werk-, Roh- und Reststoffen und besteht nach diesem Vorgang aus Korngrößen zwischen kleiner als 1mm und der maximalen Größe die dem Lochdurchmesser des Siebes entspricht.

Je nach der Besonderheit des Materials sind im Schnittgut 50 % Materialanteile mit einer Korngröße von kleiner als den halben Lochdurchmesser des Siebes enthalten.

Die Wertstoffausbeute und damit der Wirkungsgrad, der durch diese Art des Materialaufschlusses erreicht werden kann, ist entscheidend von der Korngröße des jeweiligen Stoffes abhängig.

Es muß eine Korngröße bezogen auf die qualitativen und quantitativen Besonderheiten des Materials erreicht werden, die den mechanischen Verbund des Elektronikschrottes aufbricht bzw. auftrennt.

Da eine Reduzierung der Lochdurchmesser im Wellensieb jedoch verfahrenstechnisch begrenzt ist und in der Regel nicht auf den erforderlichen minimalen Wert für die optimale Trennwirkung gebracht werden kann, ist ein weiterer technischer Prozeß erforderlich.

Dieser Vorgang kann als By-pass, der mit dem Schneidrotor zusammenwirkt, bezeichnet werden. Dieser befördert geschnittenes, zu grobes, wertstoffangereichertes Material automatisch in Abhängigkeit vom Befüllungsgrad der Anlage in erneute Schnittvorlage, um durch weitere Schnittvorgänge den Materialaufschluß der für die Separation erforderlich ist, zu vervollkommnen.

Das am Schneidrotor durch eine Schneckenwelle ausgebrachte Schnittgut, unterhalb des Lochsiebes, wird mehrfach danach separiert.

Wie vorher bereits dargestellt, entfernt ein steuerbarer Magnetabscheider zuerst Eisenteile aus dem Schnittgut.

Durch einen anschließend folgenden Siebvorgang erfolgt die Trennung des Schnittgutes in ein Gemisch mit

- ausreichender Korngüte (Metall, Nichtmetall jeweils ohne Anhaftungen) und

- grobes Restmaterialgemisch mit teilweisen Basismaterialanhaftungen.

Die grobe nichteisenmetallbehaftete Fraktion mit bereits aufgeschlossener Materialcharakteristik wird anschließend vom nichtmetallischen Ballaststoff getrennt.

Bei ungenügenden Materialaufschluß kann die entstandene, metallisch angereichterte Grobfraktion in die wiederholte Schnittvorlage gebracht werden, während die freigesetzten Ballaststoffe separat zu erfassen sind.

Die Ausbringung von Metallgranulat durch diese Art der materialspezifischen Auftrennung von zu verschrottenden Elektronikmaterial kann dabei wesentlich durch eine zusätzliche Abkühlung des Rohmaterials vor dem Schneidvorgang auf einen Temperaturbereich von kleiner als minus 20 Grad erhöht werden. Diese Temperaturabsenkung, z.B. mit Hilfe von flüssigen Stickstoff, führt zu einer Materialversprödung der Kunststoffummantelung, so daß infolge der Schnittbeanspruchungen verstärkt Kunststoffmaterialanteile aus dem physikalischen Materialverbund ausbrechen.

Die durch die Abkühlung herbeigeführte Materialversprödung beim Kunststoff ist besonders vorteilhaft für die Lösung der Materialien aus dem Kabelverbund.

Natürlich eignen sich für den Materialaufschluß von groben, massiven Metallanteilen aus Materialverbunden auch andere Kaltschneidtechniken. So können z.B. mehrere walzenartig angeordnete Schneidmesser, die kämmend ineinandergreifen, eine gute Schnittwirkung ohne wesentliche Temperaturerhöhung herbeiführen.

Vorteile der Materialbearbeitung durch den Schneidrotor

Eindeutiger Vorteil des Schneidrotors ist jedoch eine gute Wirtschaftlichkeit sowie niedrige Investitionskosten. Da die Rotorwelle mit Wendemessern versehen ist, kann eine Vierfachausnutzung an der Messerwelle vorgenommen werden. Die Gegenmesser am Boden des Schneidraumes können jeweils mit ihrer Vorder- und Rückseite verwendet werden.

Es ist offensichtlich, daß die Robustheit einerseits sowie die erreichbare, sensible Materialbearbeitung beim Metallaufschluß wesentliche Vorteile für die Verwendung dieser Technik im Elektrorecycling begründen.

Die mechanische verfahrenstechnische Zerkleinerung von Elektro-nikschrottkomponenten ist also ein wichtiger Bestandteil der Wertstoffgewinnung.

Neben den vorher beschriebenen Techniken für den Materialaufschluß und die Separation der metallischen Bestandteile orientieren sich einige mechanische Verfahren lediglich auf eine Anreicherung der verschiedenen Metalle einschließlich Edelmetalle. Man betrachtet dabei diese Aufbereitung in erster Linie als Vorstufe nachfolgender thermischer oder chemischer Prozesse.

Ein Ablauf der trockenmechanischen Aufbereitung nach diesen Gesichtspunkten kann z. B. in folgender Weise erfolgen:

Bearbeitungsstufen

- Beschickung von Elektroschrottkomponenten aus der Demontage in eine Vorzerkleinerung. Häufig verwendet man dafür eine entsprechende Rotorschere.
- In einer folgenden Magnetabscheidung findet die Trennung der Eisenanteile statt. Häufig verwendete Maschinen sind der Überbandmagnet und die Magnettrommel als Bestandteil einer Fördereinrichtung.
- Erneute Zerkleinerung des Materials z.B. in einer Hammermühle.
- Magnetabscheidung der im Zerkleinerungsprozeß freigewordenen restlichen Eisenanteile.
- Klassierung der Fraktion durch eine Siebmaschine.
- Separation durch Windsichtung. Die dabei entstehenden Nichteisenmetalle werden zum Teil separiert und gesondert erfaßt.
- Die Restfraktion zerkleinert man erneut in einer Hammer mühle.
- Nach erneuter Klassierung und Windsichtung können die in den Reststoffen vorhandenen Nichteisenmetalle in den verschiednen Korngrößen und in angereicheter Form erfaßt werden.

Eine weitere trockenmechanische Aufbereitung der angereicherten nichteisenmetallischen Konzentrate mit der Kaltschneidtechnik ist kaum möglich. Die unterschiedlichen geometrischen Abmessungen der angereicherten Metallkörnchen verhindern eine exakte Separation sowohl der Metalle vom Kunststoff als auch der Metalle untereinander.

Lediglich eine Behandlung des Materials in einer Rotormühle ermöglicht die Herstellung einheitlicher, kugelförmiger Metallgranulate, die mit hoher Reinheit separierbar und verhüttungsfähig sind.

In der Praxis verfolgt man gegenwärtig zwei Wege. Zum einen werden die Elektronikschrottkomponenten mechanisch verfahrenstechnisch in der beschriebenen Weise zerkleinert und zu einzelnen Fraktionen angereichert, von denen die Metallfraktionen verhüttet werden. Zum anderen werden jedoch vollständige Leiterplatten und weitere Bauteile mit hohem Metallanteil auch direkt verhüttet.

Gegen den Einsatz von Leiterplattengrundmaterial in der direkten Verhüttung spricht vor allem, daß bei der Verbrennung der organischen Stoffe Dioxine entstehen können, die eine aufwendige Filtertechnik notwendig machen

Zusammenfassung:

Die Ausstattung für eine Anlage, die Leiterplatten, Schaltelemente, schadstoffentlastete Komplettgeräte, Litzenkabel sowie Aluminium-Kunststoffverbunde verarbeiten kann, besteht also aus den folgenden in sich geschlossenen Bearbeitungsstufen:

1. Bearbeitungsstufe:

- Kaltschneidtechnik für selektive Zerkleinerung und Grobauf schluß des Materials,
- Magnetabscheider für die Separation der Eisenanteile aus dem Schneidgut,
- Separatoren zur Wertstoffanreicherungen der aufgeschlossenen Metalle,
- Zwischenlager für das Vormaterial (Silo) und regelbare Vorrichtung für die Materialdosierung,

2. Bearbeitungsstufe:

- vollständige Materialtrennung durch Hammermühle oder sonstige Mahltechnik,

- Sauggebläse für den Materialtransport,

- Entstaubungsanlage für das Separieren feinster Staubteilchen,

3. Bearbeitungsstufe:

- Trockenmechanische Separatoren in Form von Siebmaschinen,

- Separatoren und Sichter für die Herbeiführung einer sortenreinen Selektion,

- Abfülleinrichtung und Lagerung der Materialien.

Die verschiedenen Bearbeitungsstufen können

- einzeln und unabhängig,
- als geregelte Arbeitsfolge in den Stufen 1 und 3 sowie
- vollständig hintereinander geschaltet

betrieben werden. Die Betriebsweise richtet sich nach Menge und Beschaffenheit der Ausgangsmaterialien.

3.2 Chemische Verfahren zur Wertstoffgewinnung aus Elektronikschrott sowie Wertstoffverbunden

3.2.1 Elektrochemische Grundlagen

Im Gegensatz zu physikalischen Vorgängen in der Natur, bei denen keine stofflichen Veränderungen stattfinden, verursachen chemische Vorgänge eine Umwandlung der Stoffe.

Materiestruktur

Mit Hilfe chemischer Vorgänge kann man den Aufbau der Materie erklären und darstellen. Um das chemische Verhalten der Stoffe bei der Wertstofftrennung und Anreicherung zu verstehen, sind entsprechende Kenntnisse über das stoffliche Reaktionsverhalten unter Berücksichtigung chemischer Bindungsarten erforderlich. Zahlreiche Atome und Moleküle eines Stoffes nehmen genau definierte Plätze ein, wodurch ein Kristallgitter entsteht. Die strukturelle Anordnung der Teilchen ist in festen Stoffen überwiegend kristallin.

Wir unterscheiden hierbei:

- Ionengitter
- Metallgitter
- Atomgitter.

elektrische Ladungsträger

Ionen sind elektrisch nicht neutral. Sie treten als negative Ionen (Atome mit zuviel Elektronen) und positive Ionen (Atome mit Elektronenmangel) auf. Moleküle die aus positiven und negativen Ionen bestehen, besitzen eine Ionenbindung.

Wenn Atome mit einer gering besetzten äußeren Elektronenschale, Ionenbindungen eingehen, so geben sie Valenzelektronen ab. Sie werden somit zu positiven Ionen. Dieser Vorgang erfordert die Zuführung von Ionisierungsenergie. Alle Metalle in Verbindung mit Säuren führen folglich zur Bildung positiver Ionen.

Wenn den Atomen in der äußeren Schale nur wenige Elektronen bis zum Erreichen der Vollständigkeit fehlen, entsteht eine Ionenbindung durch Aufnahme weiterer Elektronen, die für die Schalenstabilität erforderlich sind. Dadurch werden die Atome zu negativen Ionen. Im wesentlichen bilden alle Nichtmetalle außer Wasserstoff negative Ionen.

Charakteristisch für die Metalle sind solche Eigenschaften wie:

- Metallglanz,
- hohe elektrische Leitfähigkeit,
- hohe Wärmeleitfähigkeit und
- plastische Verformbarkeit.

Atomstruktur der Metalle

Da die Metalle auf ihrer äußeren Schale wenige Elektronen (Valenzelektronen) besitzen, die nur schwach an den Atomkern gebunden sind, verbinden sich die Metallatome der äußeren Schale zu räumlich kristallinen Systemen.

Da bei dieser Struktur nicht alle Valenzelektronen benötigt werden, entstehen freie Elektronen, die sich zwischen den Metallionen befinden. Die elektrische Leitfähigkeit der Metalle ist durch diese freien Elektronen zwischen der kristallinen Anordnung der Atome begründet.

Die Atome einiger Elemente sind in der Lage auch untereinander Verbindungen einzugehen. Diese Art der Verbindung bezeichnet man als Atombindung. Sie erklärt sich aus der Überlappung der Elektronenhülle dicht benachbarter Atome. Stoffe mit reiner Atombindung sind elektrisch nicht leitend.

Einige Stoffe in der Natur treten ständig in molekularer Form auf. Dazu gehören z.B. Wasserstoff, Sauerstoff, Stickstoff und andere. Diese Stoffe sind Nichtleiter.

Struktur der Kohlenwasserstoffe

Eine Besonderheit stellen die Kohlenwasserstoffverbindungen dar. Die Atome des Kohlenstoffes sind in Ketten oder Ringen mit vielen freien Bindungsmöglichkeiten für weitere Elemente aneinandergereiht. Häufig gliedern sich entsprechende Wasserstoffatome an. Die dadurch entstehenden Kohlenwasserstoffverbindungen sind Grundlage für die organische Chemie mit ihren Kunststoffverbindungen.

Die chemischen Reaktionen der Stoffumwandlungsprozesse finden in der Elektronenhülle der Atome statt. Die Atome benötigen Reaktionspartner, die eine Durchdringung der Atomhüllen vollziehen können. Die Bewegungsenergie der Atome sowie die Anzahl der Zusammenstöße beeinflussen die Reaktionsgeschwindigkeit.

Stoffumwandlungsprozesse

Mit den Stoffumwandlungen durch chemische Reaktionen sind stets auch Energieumsätze verbunden. Es gibt hierbei

- exotherme Reaktionen, bei denen Wärme freigesetzt wird und
- endotherme Reaktionen, die Wärme aufnehmen.

In Abhänigkeit von Druck, Temperaturkonzentration und Aggregatzustand der Ausgangsstoffe wird die Reaktionsgeschwindigkeit beeinflußt. Katalysatoren führen zur Beschleunigung der Reaktionsgeschwindigkeit.

Katalytische Reaktionsverfahren erfolgen oft bei hohem Druck und erhöhter Temperatur in speziellen geschlossenen Anlagen, die aus der Kombination von mehreren Einzelaggregaten bestehen. Die Verknüpfung der Elemenente einer Anlage erfolgt durch entsprechende Förderanlagen, wie z.B. Transportbänder, Rohrleitungen, Pumpen und Verdichter.

In Produktionsanlagen lassen sich die Vorgänge im allgemeinen in drei Bereiche unterteilen:

1. Stoffliche Aufbereitung des Materials zur chemischen Reaktion.
2. Stoffumwandlungsprozeß durch chemische Reaktionen.
3. Herstellung der Fertigprodukte durch Aufarbeiten der Reaktionsprodukte.

Der Aufbereitung folgt also ein Stoffumwandlungsvorgang, dem sich eine Herstellung von Fertigprodukten anschließt.

3.2.2 Wichtige chemische Verfahrenstechniken für die Wertstofftrennung und Separation

In den Fraktionen des Elektroschrottes sind außer den physikalisch miteinander verbundenen Metall-/Nichtmetallkomponenten auch zahlreiche chemisch gebundene Stoffe enthalten.

chemisch gebundene Wertstoffe

Um die Leitfähigkeit in einigen Bauelementen oder Verbindungselementen zu erhöhen, stellt man metallische Überzüge her, die eine sehr hohe elektrische Leitfähigkeit besitzen. So sind in der Rechentechnik die eingesetzten Steckverbindungen mit edelmetallhaltigen Schichten versehen.

In Prozessoren und Speicherchips sowie verschiedenen Halbleiterbauelementen werden die dort vorhandenen Leiterbahnen mit Gold-, Silber-, Palladium- oder Platinschichten versehen. Besonders in älteren Geräten findet man noch beachtliche hohe Schichtdicken dieser Edelmetalle.

Mit der Entwicklung des Standes der Technik wurde es möglich, die Edelmetallanteile zur Verbesserung der elektrischen Leitfähigkeit wesentlich zu reduzieren. Man kann davon ausgehen, daß z.B. Platinen aus der Rechentechnik älterer Bauart, Edelmetallantoile bis zu 0,1 % enthalten. Demgegenüber besitzen modernere Geräte in ihren Komponenten edelmetallhaltige Anteile von max. ca. 0,01 - 0,05 %. Mit fortschreitender technischer Entwicklung wird es sicherlich möglich sein, eine weitere Reduzierung der Edelmetallanteile im Elektronikschrott bei verbesserter Funktionalität zu erreichen.

Die Schichtdicke der Edelmetalle zur Erhöhung der elektrischen Leitfähigkeit in Leiterbahnen sowie verschiedenen elektrischen Bauelementen jedoch kann sicherlich nicht weiter ohne Einbußen in der Funktionssicherheit reduziert werden.

Skineffekt

Wesentliche Ursache für eine erhöhte Leitfähigkeit durch Oberflächenveredelung der Metalle ist der Skineffekt. Betrachtet man die Stromdichte bei Gleichstrombetrieb über den ganzen Leiterquerschnitt so ist diese im Gegensatz zum Wechselstromprinzip überall gleich.

Der Wechselstrom erzeugt ein Wechselmagnetfeld, welches auch den elektrischen Leiter durchsetzt. Infolge der erzeugten Selbstinduktionsspannung entstehen Wirbelströme. Im Inneren der Leiterbahn sind diese am größten und verdrängen den Leiterstrom gegen die äußeren Leiteranteile. Die gesamte Leitfähigkeit steht somit nicht mehr als ganzer Querschnitt zur Verfügung. Dadurch steigt der ohmsche Widerstand im Leiter. Dies führt zu größeren ohmschen Verlusten ($Pv = I^2 x R$). Vor allem bei Hochfrequenzleitern ist dieser auch als Hauteffekt bezeichnete Vorgang spürbar. Der elektrische Strom fließt hierbei praktisch nur noch an der Oberfläche des Leiters.

Man vergoldet oder versilbert deshalb die Oberfläche der Leiter, verwendet Hohlleiter oder teilt die Leiter in mehrere ineinander verflochtene und isolierte Litzen auf. Bereits bei großen Leiterabmessungen macht sich dieses Verhalten schon bei Frequenzen ab ca. 50 Hz bemerkbar.

Die Kenntnis der elektrischen Vorgänge in einem Gerät ist deshalb eine Voraussetzung, um die edelmetallhaltigen Komponenten zu erkennen und separat zu erfassen.

chemische Stoffumwandlungsverfahren

Im Gegensatz zu den physikalischen Grundverfahren der Wertstofftrennung und Separation bestehen die chemischen Verfahren der Wertstoffgewinnung in der stofflichen Umwandlung der Ausgangsprodukte.

Wichtige chemische Umwandlungsverfahren sind z.B.:

1. elektrochemische Reaktionsverfahren oder Elektrolyse,
2. Polyreaktionen,
3. photochemische Reaktionsverfahren,
4. katalytische Reaktionsverfahren und
5. thermische Reaktionsverfahren.

Beim Elektronikschrottrecycling hat das elektrochemische Reaktionsverfahren eine besondere Bedeutung. In allen elektrolytischen Vorgängen sind immer die folgenden drei Bedingungen vorhanden:

- zwei Elektroden bestehend aus leitfähigen Material,

elektrolytische Stoffumwandlung

- ein Elektrolyt in Form einer leitfähigen Flüssigkeit, häufig verwendet man Säuren, Basen oder in Wasser gelöste Salze und

- Elektroden und Elektrolyt reagieren in Folge ihrer elektrisch leitenden Verbindung.

Bei elektrolytischen Vorgängen findet eine Umwandlung von chemischer Bindungsenergie in Elektroenergie oder umgekehrt statt. In einer galvanischen Zelle wird z.B. chemische Energie in Elektroenergie umgewandelt, wie sie in einer Batterie stattfindet.

Ein umgekehrter Vorgang entsteht in der elektrolytischen Zelle in der elektrische Energie in chemische Energie verwandelt wird. Diesen Prozeß bezeichnet man als Elektrolyse. Es wird hierbei elektrischer Strom verbraucht. Die Ladungsträger im stromleitenden Elektrolyt sind positive oder negativer Ionen.

Unter Elektrolyse verstehen wir ein Zersetzen einer gelösten oder geschmolzenen Verbindung mit Hilfe des elektrischen Stromes. Legt man eine Spannung an den Elektrolyten, so scheiden sich die positiv geladenen Kationen (z.B. Metallionen) an der Kathode, die negativ geladenen Anionen an der Anode ab. Die abgeschiedenen Mengen sind von der Höhe des Stromes, der den Elektrolyten durchflossen hat, proportional nach dem erstes Kirchhoffschen Gesetz. Mit Hilfe der Elektrolyse werden Metalle mit sehr hoher Reinheit gewonnen.

Die Elektrolyse hat hierbei eine grundlegende Bedeutung für die Gewinnung der Metalle aus dem Elektroschrott. Dementsprechend stellt die Elektrolyse die alleinige Technik dar, mit der metallische Beschichtungen auch mit geringer Auflage wirtschaftlich gewonnen werden können.

Galvanik

Die Herstellung metallischer Beschichtungen auf elektrochemischen Wege dagegen bezeichnet man als Galvanik. Hierbei benötigt man ein Galvanisierbad, welches aus einem Elektrolyten besteht, in dem das zugewinnende Metall als Salz gelöst ist. Die Kathode verbindet man mit dem negativen Pol einer Stromquelle. Auf ihr findet eine Anreicherung des abgeschiedenen Materials statt (die Kathode wird galvanisiert). Die Anode muß mit dem positiven Pol einer Stromquelle verbunden werden. Sie stellt das abzuscheidende Material dar.

Das von der Anode abgegebene Material lagert sich an der Kathode in kristalliner Form ab. Die Zusammensetzung des Elektrolyten ändert sich dadurch praktisch nicht. Die Anwendung des Galvanisiervorganges für das Verkupfern ist beispielhaft für andere Metalle in folgender Weise zu erklären:

Verkupfern

Eine Kupfersulfatlösung ($CuSO_4 + H_2O$) dient als Elektrolyt. Das Kupfersulfat spaltet sich auf in Cu zweifach positiv und SO_4 zweifach negativ. Die Cu zweifach positiv Ionen (Kationen) reichern sich an der Kathode an, erhalten dort zwei Elektronen und werden zu Kupferatomen. Sie ordnen sich kristallin an der Oberfläche der Kathode an und charakterisieren die Überzugsschicht. Der entstandene doppelt negative Säurerest SO_4 zweifach negativ bewegen sich als Anionen zur Anode, der sich praktisch auflösenden Kupferplatte. Die Anionen geben dort ihre beiden Elektronen ab und werden zu neutralen Molekülen. Im gleichen Augenblick löst jedoch das Säurerestmolekül sofort aus der Kupferplatte ein neues Kupferatom heraus und bildet mit ihm zusammen erneut Kupfersulfat ($CuSO_4$). Im Wasser erfolgt wieder eine Aufspaltung zu Anionen und Kationen. Die Konzentration des Elektrolyten bleibt deshalb dadurch konstant.

Da Edelmetalle wegen ihrer speziellen Eigenschaft elektrochemisch nur unter besonderen Bedingungen aufzulösen sind, fallen bei elektrolytischen Vorgängen in der Scheideanstalt edelmetallische Beschichtungen als Reststoff im Anodenschlamm an, da die unedleren Metalle völlig aufgelöst und an der Kathode abgeschieden werden. Das im Anodenschlamm angereicherte Edelmetall wird Schmelztrenntechnik weiter separiert.

Mit Hilfe des dargestellten elektrolytischen Verfahrens ist es möglich, reine Metalle herzustellen. Man kann z. B. Kupfer, Silber, Gold, Paladium, Platin usw. als verunreinigte Rohstoffe und Hüttenmetalle durch die Elektrolyse einer Salzlösung fast vollständig reinigen. Die

Anode hält hierbei das verunreinigte Rohmetall. Nach elektrochemischer Zersetzung scheidet sich das Anodenmaterial direkt als reines Metall an der Kathode ab.

Dieses Verfahren hat bei der Herstellung des in der Elektrotechnik häufig verwendeten Elektrolytkupfers mit einem Reinheitsgrad von bis zu 99,99 % eine besondere Bedeutung. Der Elektrolyt wird hierbei von einer mit verdünnter Schwefelsäure angereicherten Kupfersulfatlösung gebildet. Im Elektrolyten verbleiben die unedlen Verunreinigungen, während dem die Edelmetalle als Anodenschlamm auf den Zellenboden absinkt. Als wichtiges Ausgangsprodukt für die Gewinnung der Edelmetalle ist dieser Anodenschlamm von spezieller Bedeutung.

Schmelzfluß-elektrolyse

Eine besondere Form der Elektrolyse ist die Schmelzflußelektrolyse. Hierbei wird unter anderem Aluminium in wirtschaftlicher Weise gewonnen. Die Schmelzflußelektrolyse zur Aluminiumgewinnung ist ein sehr energieintensiver Prozeß. Um z.B. 1t Aluminium aus Bauxit herzustellen, benötigt man einen Energieaufwand von ca. 20 000 KWh.

Generell kann die Wirtschaftlichkeit der sortenreinen Metallgewinnung mit der Elektrolyse wesentlich verbessert werden, wenn man bereits eine Anreicherung der zu verarbeitenden Metallgemische vorher erreicht hat.

Die Kombination von physikalischen Aufbereitungstechniken mit der Anwendung der Elektrochemie bestimmt deshalb die metallischen Herstellungsverfahren mit der Zielsetzung einer Kostensenkung und Verbesserung der Wirtschaftlichkeit.

Bei der Wiederverwertung von Elektronikschrott besteht nach trockenmechanischer Aufbereitung die Mischfraktion im Wesentlichen aus Kupfer, Zinn-Bleigemischen, Nickellegierungen sowie Edelmetallen. Diese Metalle werden also nach den gleichen elektrolytischen Verfahren gewonnen, wie die Primärmetalle. Deshalb ist auch die Metallqualität des Sekundärmaterials identisch mit der des Primärmaterials.

Im Gegensatz zur trockenmechanischen Aufbereitung benötigt man jedoch in der elektrochemischen Metallrückgewinnung vor allem Wasser. Das entstandene Abwasser ist in einer Ionentauscheranlage aufzubereiten. Kathionisches Eluat wird über die Membranelektrolyse verwertet. Das anionische Eluat kann über einen Vakuumverdampfer weiterverarbeitet werden. Die entstehenden Salze sind als technische Salze wiederverwertbar. Das gereinigte Abwasser führt man in den ursprünglichen Prozeß zurück.

Die elektrochemische Aufbereitung von Metallfraktionen aus dem Elektronikschrott erfordert demzufolge eine komplizierte und aufwendige Anlagentechnik, die eine Reihe von Entsorgungsproblemen nach sich zieht. Demzufolge sind elektrolytische Verfahren zur Wertstoffgewinnung immer als geschlossene Systeme konzipiert, die weitgehend durch einen internen Kreislauf Umweltbelastungen vermeiden.

3.2.3 Verfahren zur Edelmetallrückgewinnung

Die Gewinnung von Edelmetallen aus dem Elektronikschrott erfolgt in den Scheideanstalten nach dem beschriebenen elektrolytischen Verfahren. Da Edelmetalle sich sehr schlecht chemisch Auflösen, nutzt die Scheideanstallt die Schmelzflußelektrolyse als ein Separationsverfahren. Dabei wird der gesamte Anodenschlamm eingeschmolzen und der flüssige Aggregatzustand des Metalls zur elektrolytischen Abscheidung ausgenutzt. Die Edelmetalle werden hierbei nach der Metallreihe abgeschieden.

Edelmetalll-aufschluß

Die Vorbehandlungsstufen und der Aufschluß des edelmetallhaltigen Elektronikschrottes findet in den Scheideanstalten jedoch in unterschiedlicher Form statt. Die von den Kunden gelieferten edelmetallhaltigen Elektroschrottfraktionen müssen vorher von schadstoffbelasteten Bauelementen befreit werden. Die für Platinenmaterialien charakteristische Aufbereitung erfolgt in einem Schachtofen.

Bei Temperaturen von 1000 bis 1250 Grad bilden sich Kupferstein, Bleilegierungen sowie Schlacken. Die bleihaltige Fraktion kann durch eine Schmelzextraktion weiterverarbeitet werden.

Durch Reaktionen mit der oxidierenden Atmosphäre verwandelt sich das Blei bei ca. 1000 Grad Celsius in Bleiglätte. Die oxidierten Stoffe befinden sich auf der Schmelze und können entfernt werden. Somit erfolgt eine Anreicherung der edlen Metalle in der metallischen Phase.

Natürlich kann eine rentable Aufbereitung der Materialien für die Edelmetallrückgewinnung nur erfolgen, wenn ein Goldgehalt von mindestens 0,03 Gewichtsprozent nachweisbar ist. Die durchschnittlichen Goldgehalte für Platinenschrott betragen ca. 0,1 %. Die Goldanteile von speziellen Produktionsrückständen können hierbei jedoch 1 % und mehr besitzen.

Die Rückgewinnungsquoten für die Edelmetalle sind vom Edelmetallgehalt und von der Edelmetallart des Einsatzmaterials wesentlich abhängig. In der Regel ist eine Rückgewinnung von Edelmetallen bis zu 95 % möglich.

Wichtige Verarbeitungsstufen für edelmetallhaltige Platinen sind z.B.:

- trockenmechanische Aufbereitung und Vorbereitung der Platinen.
- spezielle thermische Behandlung z.B. durch Pyrolyse und anderes.
- Schmelzbehandlung mit Entschlackung.
- Granulaterzeugung.
- Elektrolyseprozesse
- Trennung der Edelmetalle durch Raffination.

Gegenwärtig wendet man verschiedene Recyclingverfahren für die Aufbereitung edelmetallhaltiger Platinen an. Hierbei stehen vor allem trockenmechanische Aufbereitungsverfahren für die Anreicherung edelmetallhaltiger Fraktionen im Vordergrund.

Edelmetall-vermarktung

Die Aufbereitung der edelmetallhaltigen Fraktionen kann entweder in Form von Lohnarbeit oder in Form des Aufkaufes der Materialien stattfinden.

Ein Lohnauftrag ermöglicht die realistische, nach Wertstoffanteilen durchzuführende Bewertung der Aufwendungen. Sinnvoll ist diese Form der Aufbereitung natürlich nur, wenn größere Mengen (ab 1 Tonne) vorliegen. Der Kunde kann die gewonnenen Edelmetalle zurückerhalten oder einem entsprechenden Edelmetallkonto gutschreiben lassen.

Für den Verkauf von Edelmetallschrotten kann der Kunde entweder einen geschätzten Pauschalpreis erhalten oder auf der Grundlage einer durchzuführenden Wertstoffanalyse den Marktwert der Edelmetalle abzüglich der Aufbereitungskosten erhalten.

Die Erlöse aus der Edelmetallrückgewinnung bei der Verwertung von Elektronikschrott kann man verbessern, wenn eine Sortierung edelmetallhaltiger Baugruppen (Steckkontakte, Platinen, Halbleiterbauelementen) nach ihren zu erwartenden Wertstoffanteilen erfolgt.

Die höchsten Erlöse erreicht man jedoch, wenn die gesamten Metallanteile der edelmetallhaltigen Fraktionen vom Nichtmetall durch trockenmechanische Verfahren (Materialaufschluß, Separation und Anreicherung) getrennt werden.

Wenn man davon ausgeht, daß in Deutschland in den nächsten Jahren ca. 25.000 - 30.000 Tonnen edelmetallhaltiger Platinen und andere Fraktionen aus dem Elektrorecycling anfallen, so sind die zur Zeit bestehenden Kapazitäten noch entwicklungsfähig.

Die Rückgewinnung von Edelmetallen aus dem Elektroschrott führen die Unternehmen DEGUSSA AG, HEREOS GMBH sowie die NORDDEUTSCHE AFFINERIE im größeren Maßstab durch. Diese Unternehmen sind in Deutschland verfahrenstechnisch gegenwärtig am weitesten entwickelt und bestimmen den Stand der Technik.

3.3 Thermische Verfahren zur Aufbereitung und Verwertung von Elektronikschrott

Die Feststoffseparation aus Komponenten des Elektronikschrottes mit Hilfe thermischer Verfahren erfolgt durch Zufuhr von Wärme oder Entzug von Wärme.

Darüber hinaus wird ein in Lösung gebrachter Stoff auch durch Verdampfen und Trocknen getrennt. Zur Trennung des im Lösungsmittel gelösten Feststoffes werden vor allem folgende Trennverfahren eingesetzt:

Grundlagen

- Kristallisieren,
- Eindampfen,
- Ausfrieren,
- Aussalzen und
- Fällen.

Gemischte Stoffe sind durch stufenweises Sublimieren oder Extrahieren thermisch trennbar.

Unterschied zur Verbrennung

Den thermischen Verfahren zur Aufbereitung und Verwertung ist auf keinem Fall die Verbrennung von Rohstoffen gleichzusetzen. Eine Gleichstellung der thermischen Verwertung im o.g. Sinn darf nicht erfolgen, da bei der Verbrennung der stoffliche Charakter verloren geht. Trotzdem wird häufig diese unscharfe Ausdrucksweise genutzt.

In der Vergangenheit wurde in umweltschädigender Weise der Elektronikschrott jedoch verbrannt. Mit der Verbrennung können u.a. aufgrund des in Altgeräten häufig anzutreffenden PVC's, der bromierten Flammschutzmittel und des PCB's in den Kondensatoren zum Teil erhebliche Mengen an Dioxine und Furane, Hallogenwasserstoffe und Quecksilber sowie Kadmiumabgase in die Atmosphäre kommen. Als feste Rückstände verbleiben in Form von Schlacken z.B. Schwermetall und Buntmetallverbindungen zurück. Außerdem entsteht bei allen Verbrennungen das treibhauseffektfördernde Kohlendioxyd.

Die Verbrennung von Elektronikschrott sollte nunmehr endgültig der Vergangenheit angehören. Die dem Stand der Technik entsprechenden Verwertungsverfahren ermöglichen in jedem Fall eine ökologisch sinnvolle und ökonomisch vertretbare Aufbereitung und Wertstoffgewinnung.

Kunststoffseparation

Bei den in der Demontage von Elektronikschrott anfallenden thermoplastischen Kunststoffen wird eine werkstoffliche thermische Wiederverwendung durch folgende Verfahrensschritte gesichert:

- die Zerkleinerung,
- das Waschen,
- Trocknen,
- Klassieren,
- der Sortierprozeß und
- die Agglomeration.

Von den zahlreich getesteten Sortierverfahren ist jedoch gegenwärtig keines so ausgereift, daß die vielfältigen Kunststoffgemische mit vertretbaren Kostenaufwand immer sortenrein getrennt werden.

Eine interessante und vielversprechende Separationstechnik ist die Behandlung der Kunststoffreste im Temperaturbereich unterhalb ihrer Zersetzungstemperatur, so daß es emissionsfrei arbeitet.

Anschmelzverfahren

Von den bekannten Verfahren erscheint vor allem die Trennung über das Anschmelzverhalten von Kunststoffen an beheizten Oberflächen als geeignet. Dabei wird die unterschiedliche Schmelzfestigkeit der verschiedenen Kunststoffe genutzt. Zu diesem Zweck führt ein Förderband über eine Aufgabevorrichtung zerkleinertes Kunststoffgemisch zu und bringt es dann mit einer beheizten rotierenden Walze in Berührung. Hierbei wird das angeschmolzene Material auf der sich drehenden Walze weitertransportiert, um dann durch eine Abstreichvorrichtung von der Walze gelöst zu werden. Das so abgetrennte Material führt man von einem zweiten Förderband in einen Auffangbehälter. Das nicht angeschmolzene Material verbleibt auf dem Zuführförderband und fällt in einen weiteren Auffangbehälter.

Entscheidend für die Wirksamkeit dieser Sortieranlage ist die genaue Einstellung der Temperatur der beheizten Walze. Außerdem besitzen die Kontaktzeit und die auf den Partikeln wirkenden Andruckkräfte einen großen Einfluß auf die Haftung der Kunststoffpartikel auf der beheizten Walzenoberfläche und damit auf die Separation.

Die Ergebnisse der Sortieranlagen, die nach dem Anschmelzverhalten trennen, sind emissionsfrei und damit ökologisch und auch kostengünstig. Durch Optimierungen an der Anlagentechnik können könnte ein industriell nutzbares Verfahren ermöglicht werden, welches Kunststoffgranulate der Sorten Polyäthylen niedriger Dichte, Polyäthylen hoher Dichte, Polypropylen, PVC und Polystyrol sauber sortieren kann.

Kryotechnik

Eine umweltfreundliche und wirtschaftliche Möglichkeit der Separation bestimmter Fraktionen aus dem Elektronikschrott stellt die Kryotechnik dar. Man versteht darunter die Tieftemperaturtechnik unterhalb des Siedepunktes von Luft (minus 192,3° Celsius) und Stickstoff (minus 195,8° Celsius).

Gute bis sehr gute Ergebnisse erreichte man durch diese Verfahrenstechnik beim Materialaufschluß von bestimmten Kunststoff-Metallverbunden. Die beim Elektronikschrottrecycling separierten Litzen und massiven Kabel werden in vorgegebene Korngrößen zerkleinert und anschließend mit flüssigem Stickstoff in den Tieftemperaturbereich gebracht. Die abgekühlten Kabelteile bringt man z.B. in eine Zerkleinerungsmaschine. Die dort stattfindende mechanische Beanspruchung bewirkt ein Auseinanderbrechen des infolge der Tiefsttemperaturen hervorgerufenen Materialversprödungen. Durch dieses auseinanderbrechen der versprödeten Materialbestandteile findet ein weitgehend vollständiger Materialaufschluß statt.

Die anschließende Trennung des Kunststoffmetallgemisches erfolgt wie bereits vorher beschrieben durch physikalische Separation.

Die Wirtschaftlichkeit dieser Kryotechnik wird wesentlich durch den Verbrauch von flüssigem Stickstoff beeinflußt. Durch produktabhängige Optimierungen der Prozeßtechnik sind vertretbare wirtschaftliche Ergebnisse bei einigen Materialien erreichbar.

Schaumglasherstellung

Ein weiteres thermisches Verfahren stell ads Aufschäumen von Werkstoffen dar, wie es z.B. beim anfallenden Bariumglas aus der Bildrörenzerlegung genutzt wird. Die bereits geringe Wärmeleitfähigkeit des Glases wird durch das Aufschäumen erheblich vergrößert. Damit wird die ursprüngliche Werkstoffqualität wesentlich hinsichtlich seiner Wärmedämmung verbessert. Somit liegt eine werkstoffungleiche Verwendung für eine höherwertige Verwertung als Upcycling vor.

Die bisher übliche Praxis der Bariumglasentsorgung war entweder die Ablagerung auf Deponien oder der Einsatz als Füllstoff in verschiedenen Bereichen der Industrie. Bei beiden Entsorgungswegen kann man kaum von einem sinnvollen Einsatz dieser Glasfraktion sprechen.

Nach Aufbereitung des Bariumglases durch Zerkleinerung und unter Wärmeeinwirkung in einem Drehrohrofen entsteht jedoch aus dem Glasgranulat ein Blähglas, welches mit zahlreichen Lufteinschlüssen versetzt wird.

Durch diese thermische Umwandlung wird die Wärmeisolation erheblich verbessert, so daß ein beachtlicher Beitrag zur Energieeinsparung in der Bauwirtschaft erbracht wird.

Zusammenfassung

Falls eine wirtschaftliche werkstoffgleiche Wiederverwertung bei vertretbarem Aufwand unmöglich ist, können thermische Aufbereitungsverfahren also neue Produkte herstellen, die nicht nur umweltentlastende Eigenschaften haben, sondern auch für höherwertige Verwendungszwecke einsetzbar sind (Upcycling).

So kann neben der Wiederverwendung von Material aus dem Elektronikschrottrecycling oder der werkstoffgleichen Wiederverwertung im geschlossenen Stoffkreislauf auch eine Weiterverwertung für höherwertige Verwendungen sinnvoll sein.

Die beschriebenen thermischen Verfahren insbesondere zur Separationstechnik sind im Vergleich zu den folgenden geschilderten chemischen Verfahren umwelttechnisch einfacher zu beherrschen und stellen sicherlich eine ausbaufähige Technik für eine wirtschaftliche Wiederverwertung dar.

3.4. Chemisch - rohstoffliche Verwertungsverfahren

Pyrolyse-verfahren

Eine andere Methode der Aufbereitung des Elektronikschrottes ist die Pyrolyse unter Sauerstoffabschluß. In diesem Prozeß entstehen zwei Produktströme:

1. Feste Rückstände aus Metallen, Reststoffen und Kohlenstoff sowie

2. Pyrolysegas.

Das anfallende Pyrolysegas kann in höher siedende Kohlenwasserstoffe, saure Gasbestandteile sowie Staub- und Rußpartikel separiert werden.

Der im Schwelprozeß erzeugte feste Rückstand wird über eine Fördereinrichtung aus dem Reaktor gebracht, zwischengelagert und für eine weitere externe Aufbereitung bereitgestellt.

Die Aufbereitung fester Pyrolyserückstände wird in folgender Weise vorgenommen. Mittels Überbandmagnet werden die naß ausgetragenen Rückstände von groben Eisenteilen befreit. Eine anschließende Vermahlung trennt den Verbund von Glasfasermatten und NE-Metallen auf.

Durch weitere Separationstechniken wird das NE-Metallkonzentrat von dem Kunststoff getrennt. Das Schwimm-Sinkverfahren kann die Metalle dann sortenrein abscheiden.

Sicherlich ist dieses Verfahren in seiner Komplexität noch nicht ausgereift, es könnte sich aber unter wirtschaftlichen und ökologischen Aspekten zukünftig als wirkungsvoll erweisen.

Der Einsatz des chemisch - rohstofflichen Verfahrens der Pyrolyse für ausgewählte Materialien hat auch folgende Vorteile:

1. Es können keine umweltschädigenden Stoffe, wie z.B. Halogene und Schwermetalle austreten, gleichzeitig bleiben die Metalle erhalten, so daß insbesondere keine Schwermetalle zu entsorgen sind.

2. schadstoffenthaltende Bauelemente, wie PCB-Kondensatoren oder Leiterplattenmaterial werden ohne Umweltbelastungen in einem geschlossenem System unschädlich aufgelöst.

3. Die Pyrolyse ermöglicht eine wirtschaftliche und ökologische stoffliche Trennung von Verbundwerkstoffen in Metalle, Kohlenwasserstoffe und Salze.

4. Die Schad- und Reststoffraktionen werden im Vergleich zu anderen Materialaufschlußverfahren erheblich reduziert.

Hydrolyse

Auch das Verfahren der Hydrolyse bewirkt eine Aufspaltung der Kunststoffe in Gase und Öle. Es wird hauptsächlich zur Aufbereitung von voluminösen Schaumstoffen wie Polyurithanen angewendet. Die Kunststoffe werden hierbei nach Zerkleinerung unter Zugabe von Wasserdampf auf 300°C erhitzt und bei einem Druck von 100 bar zersetzt. Die entstandenen Gase und Öle können als Rohstoffe bzw. Heizgase in der Industrie eingesetzt werden.

Verhüttung von Elektronikschrott

Eine andere jedoch primitivere Methode zur Verwertung von Elektronikschrott stellt die Verhüttung dar. Die Kupferhütten gewinnen Kupfer und NE-Metalle aus metallreichen Erzen, Schlämmen und Schrottfraktionen.

Die Leiterplatten werden hierbei in den Konverter des Kupfergewinnungsprozesses eingebracht. Dabei verbrennen Kunststoffe und organische Bestandteile. Während dadurch die unedlen Metalle verschlacken, gewinnt man die angereicherten Edelmetalle, wie bereits vorher beschrieben, nach elektrolytischer Kupferraffination aus dem Anodenschlamm.

Eine solche metallurgisch thermische Umsetzung von Leiterplattenschrott hinterläßt unter Berücksichtigung der Kunststoff- und Metallgehalte ca. 2/3 der ursprünglichen Materialmenge in Schlackenform. Lediglich 10 % des Materials kann tatsächlich im Sinne einer Wertstoffrückgewinnung erfaßt werden. Diese metallurgisch thermische Verwertung ist vor allem aufgrund des Hallogengehaltes und des enthaltenen Dioxinpotentials umstritten.

metallurgische Verwertung von Kunststoff

Eine interessante und vielversprechende weitere Verwertungsmöglichkeit für die beim Elektronikschrottrecycling entstehenden nicht verwertbaren Mischkunststoffe sowie anderer brennbare Leichtfraktionen könnte der Einsatz dieser Materialien als Substitut für Kohlenstoff oder Schweröl im Reaktionsprozeß des Hochofens werden. Erste Versuche dieser Art in der Metallurgie bestätigten vielversprechende Ergebnisse.

Unter Berücksichtigung hüttentechnischer Verhältnisse ist es möglich anstelle von Kohlenstoff in Form von Öl oder Kohlenstaub die entsprechende Leichtstoffraktion bei Temperaturen von ca. 1800 bis 2000°C in den Hochofen bzw. Kupolofen als Reduktionsmittel einzublasen. Bei den hohen Temperaturen wird der Kunststoff aufgelöst. Die aufgespaltenen brennbaren Stoffe wirken gegenüber dem Eisenerz als Reduktionsmittel. Umweltschädigende Nebenprodukte wie Dioxine und Furane können in diesem von der Umwelt abgetrennten desoxidierenden Prozeß und bei diesen hohen Temperaturen nicht entstehen.

Da der im Kunststoff enthaltene Kohlenstoff als Reduktionsmittel des Eisenerzes fungiert, kann mit Recht beim Einsatz von Kunststoff im Hochofen für diesen Verwendungszweck von einem metallurgischen Recycling gesprochen werden, das sich mit einem Wirkungsgrad von 80 % auszeichnet, der annähernd doppelt so hoch ist, wie bei der Verbrennung.

Der eingesparte Kohlenstoff z.B. in Form von Öl, kann als Rohprodukt für die Herstellung neuer Kunststoffe Verwendung finden.

Wenn man berücksichtigt, daß Altkunststoffe sich nicht beliebig oft werkstofflich wiederverwerten lassen, da sie einem Zersetzungsprozeß unterliegen, erscheint diese Form der Nutzung wirtschaftlicher und ökologischer zu sein.

Verbrennung in der Zementherstellung

Eine andere Verwertung nichtmetallischer brennbarer Fraktionen aus dem Elektronikschrott ist der Einsatz als Sekundärbrennstoff für die Zementherstellung.

Die Abgase aus der Zementofenanlage sind im Gegensatz zur Müllverbrennungsanlage nicht durch Verbrennungscharakteristik gekennzeichnet. Infolge der chemischen Reaktion zwischen Brennstoff und Brenngut entsteht ein dioxin- und furanfreies Prozeßgas. Damit liegt eine große Ähnlichkeit zur metallurgischen Verwertung vor.

Die beim Elektronikschrottrecycling separierten Mischkunststoffe sind vor dem Einsatz in der Zementofenanlage auf eine vorgegebene Korngröße zu granulieren. Die in den Drehrohrofen eingebrachten Kunststoffbestandteile reagieren unter Hochtemperaturbedingungen mit hohen Verweilzeiten und Sauerstoffabschluß. Die Gastemperaturen im Drehrohrofen erreichen bis zu 2000° Celsius. Abgasmessungen haben ergeben, daß keine Dioxine, Furane sowie aromatische Kohlenwasserstoffe oder Chlorbenzole entstehen, so daß eine vollständige umweltunschädliche Verwertung stattfindet.

Die Verbrennung von Kunststoffen im Zementwerk stellt deshalb aus umwelttechnischer Sicht ein unproblematisches und sicherlich auch wirtschaftliches Verfahren dar.

Die Drehrohrofenabgase im Zementwerk werden im Elektrofilter entstaubt. Die wichtigsten Einflußgrößen für die Staubabscheidung im Elektrofilter sind

- der Abgasvolumenstrom,
- die Abgastemperatur,
- der Wassertaupunkt,
- die Staubart und
- der Rohgasstaubgehalt.

Versuche haben ergeben, daß durch die Änderung der Brennstoffart die genannten Einflußgrößen nicht verändert werden.

Sekundärbrennstoffe

Folgende Sekundärbrennstoffe sind u.a. für diesen Prozeß geeignet:

- kunststoffhaltige Abfälle,
- Altöllösungsmittel,
- Altreifengummi und ähnliches.

Beim Einsatz der verschiedenen genannten Sekundärbrennstoffe sollte man die Anreicherung von Spurenelementen berücksichtigen. Eine Einschränkung der Einsatzmöglichkeit verschiedener Sekundärstoffe könnten durch die Anreicherung von Schwermetallen entstehen. Die vorliegenden Untersuchungen und Analysen über die Zementqualität bestätigten bisher jedoch keine negativen Einflüsse.

In den letzten Jahren haben sich riesige Mengen an Kunststoffabfällen angesammelt. Die Zementindustrie könnte auf dem Gebiet der thermischen Verwertung kunststoffhaltiger Abfälle für die Herstellung von Zement einen wertvollen Beitrag zur sinnvollen Verwertung leisten.

3.5 Verfahren für die Aufbereitung von Bildröhren

3.5.1 Die Bestandteile von Farbbildröhren

Funktion der Bildröhre

Wichtigster Bestandteil von Fernsehern oder Computermonitoren ist die Bildröhre, die einen Gewichtsanteil von bis zu 50 % hat. Sie dient dazu, elektrische Impulse über die Leuchtstoffe in farbige Lichtpunkte umzuwandeln, die waagerecht aneinandergereiht das komplette Fernsehbild erzeugen.

Die Entstehung der Farben auf dem Bildschirm begründet sich auf der Drei-Farben-Theorie mit den Grund- und Primärfarben Rot, Grün und Blau. Aus diesen Grundfarben entstehen bei Überschneidung durch additive Farblichtmischungen die gewollten Farben.

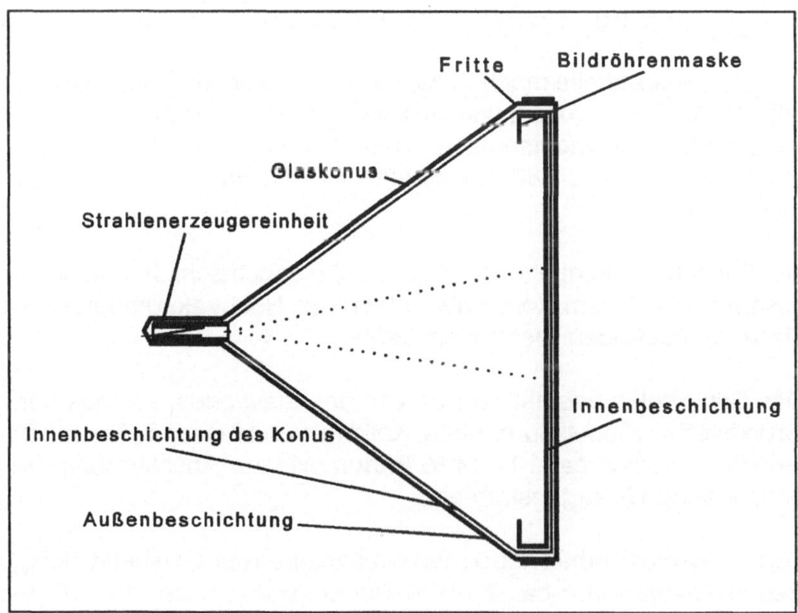

Bild 1: Zusammensetzung einer Bildröhre

Die gesamte Bildröhre besteht aus folgenden sechs wesentlichen Bauteilen (Bild 1):

- dreiteilige Elektronenkanone,
- Glaskonus,
- Glasschirm,
- Metallinienkonus und Lochmaske sowie
- Leuchtschirm

Materialanteile

Die Gewichtsanteile der verschiedenen Bauelemente einer 63 cm Farbbildröhre (Bild 2) bestehen z.B. aus

- 12,50 Kg Schirmglas, mit bis zu 14 % Bariumoxid,
- 5,00 Kg Konusglas, mit bis zu 24 % Bleioxid,
- 2,50 Kg Bildröhrenmaske und Spannrahmen aus Metall,
- 0,09 Kg Strahlerzeugereinheit,
- 0,08 Kg Glasfritte und
- 0,007 Kg Beschichtungen und Leuchtstoffe.

Die Glasbestandteile machen ca. 90 Gewichtsprozent aus, die Metalle 10 Gewichtsprozent und die Beschichtungen und Leuchtstoffe lediglich 0,04 Gewichtsprozent. Das Material der Lochmaske besteht aus einer ca. 180 µm starken Eisenplatine aus V2A oder Inverstahl.

Der Bildschirm dient als Unterlage für die Leuchtschicht und bildet zusammen mit dem Konus als Kolben das Hochvakuumgefäß für die zu erzeugenden Elektronenstrahlen.

Das Schirmglas besteht ähnlich wie der Glaskonus u.a. aus den Grundstoffen Kieselsäure, Soda, Kalkstein und Felsspat. Er enthält jedoch zusätzlich ca. 10 - 14 % Bariumoxid zur Abschirmung der entstehenden Röntgenstrahlen.

Das Konusglas enthält neben den Grundstoffen der Glasherstellung, Beimischungen von ca. 2 - 6 % Bariumoxid und ca. 15 - 24 % Bleioxid zur Strahlenabschirmnung.

Der Glaskonus oder das Spiegelglas, wird beidseitig mit einem Eisenoxydgraphitbelag überzogen. Zusammen mit dem Kolbenglas bildet dieser einen Kondensator der u.a. zur Siebung der Anodenspannung dient.

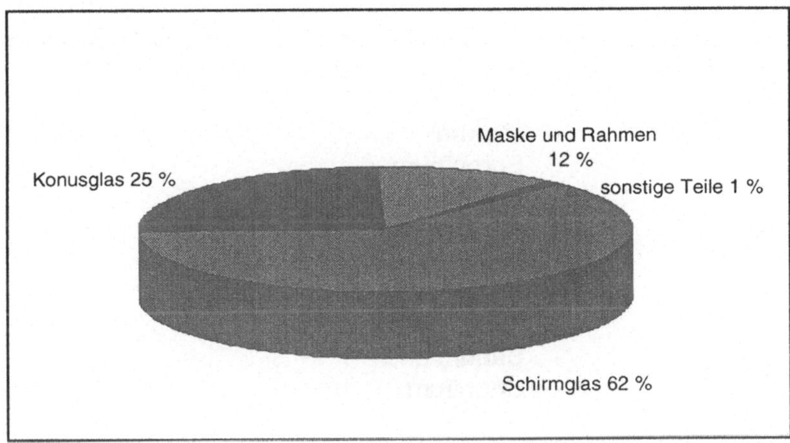

Bild 2: Masseanteile einer 63 cm Farbbildröhre

Leuchtstoffe

Entscheidend für Fernseh- und Computerbildschirme sind die anorganischen Leuchtstoffe. Bei Anregung durch Elektronenstrahlen senden diese das für das menschliche Auge sichtbare Licht aus. Auf diese Weise entsteht ein durch elektrostatisch bzw. elektromagnetisch belegten Elektronenstrahl über einen mit Leuchtstoffen beschichteten Leuchtschirm das entsprechende Fernsehbild.

Die lumineszierenden Festkörper oder Phosphore bestehen aus einem Kristallgitter, der Grundsubstanz und aus eingelagerten Fremdatomen. Bekannte Kristallphosphore sind Sulfidphosphore, insbesondere das Zinksulfid mit dem Aktivator Silber für die Farbe Blau und den Aktivatoren Kupfer, Gold und Aluminium für die Farbe Grün. Zur Erzeugung der Farbe Rot wird eine Yttriumverbindung häufig gewählt.

Vor allem in einigen osteuropäischen und ostasiatischen Ländern nutzte man auch andere Stoffe wie beispielsweise Zink- und Kadmiumsulfide.

Westeuropäische, amerikanische und japanische Hersteller verzichteten seit Anfang der 90iger Jahre auf die Verwendung von Kadmium in der Leuchtschicht.

Eine Analyse der verschiedenen Leuchtschichten ergab die Bestandteile:

- Yttrium,
- Europhium,
- Eisen,
- Aluminium,
- Blei,
- Kadmium,
- Zink,
- Barium und
- Strontium.

Den größten Anteil jedoch stellen die Glaszuschlagstoffe Blei und Barium dar, welche im Bildröhrenglas gelöst sind. Der Kadmiumanteil ist praktisch unbedeutend.

Die wesentlichen Leuchtstoffbestandteile auf der Innenseite des Linsenglases sind das Yttrium und das Zink. Beide haben einen Anteil von 0,1 - 0,4 % am Gesamtgewicht der Bildröhre.

3.5.2 Die trockenmechanische Aufbereitung von Bildröhren

Bildröhrenzerlegung

Ein Bestandteil des Elektronikschrott-Demontageprozesses ist die Zerlegung und Aufbereitung der Bildröhren.

Über geeignete Fördereinrichtungen führt man Bildröhren in einen umhausten Bildröhrenarbeitsplatz, der entsprechende Absaugeinrichtungen besitzt. Die Anlage besteht im wesentlichen aus

- einer Bildröhrenaufnahmefläche,
- einem Trennraum,
- einer Heizeinrichtung,
- einer Kühleinrichtung,

- einer Schutztür,
- der Heizstromversorgung und
- der Steuerung.

Der Arbeitsablauf zum Auftrennen der Bildröhre kann wahlweise durch eine automatische Ablauffolge oder durch manuell betätigte Handhabungen vorgenommen werden.

Vor Beginn des Trennvorganges muß der an den Bildröhren befindliche Spannring entfernt werden. Dies geschieht in geeigneter Weise durch Trennschleifen. Der Spannring ist in die Schrottfraktion zu geben.

Die weitere Bearbeitung der Bildröhre erfolgt in der Absaugkabine, die gleichzeitig eine Trennvorrichtung beinhaltet.

Trennvorgang

An die Trennstelle zwischen Linsenglas und Konusglas wird ein Heizdraht enganliegend gebracht. Durch gezielte Stromeinspeisung findet ein Aufheizen des Konstantandrahtes auf Temperaturen zwischen 700 und 800° Celsius statt. Die mit dieser Temperaturerhöhung entstehende partielle Erwärmung des Bildröhrenglases führt während des Abkühlvorganges aufgrund der herbeigeführten inneren Spannungen im Glas zum Aufbrechen der Bildröhre in kontrollierter Weise.

Der verfahrenstechnische Ablauf beim Auftrennen der Bildröhren kann je nach Glasbeschaffenheit und Abmessungen der Bildröhre unterschiedlich sein. In jedem Fall führt ein ein- bzw. mehrmaliges Aufheizen und Abkühlen zu dem gewünschten Trennvorgang.

Diese sinnvolle, verfahrenstechnische Lösung für das in der vorher beschriebenen Weise dargestellte Auftrennverfahren hat sich vielfach bewährt. Sie ermöglicht es, mit minimalem technischen Aufwand, hoher Wirtschaftlichkeit und auf umweltfreundliche Art, die Bildröhrenaufbereitung durchzuführen.

Da bisher diese umweltfreundliche und kostengünstige Trenntechnik für die Bildschirme nicht voranden war, hat die FRANKEN ROHSTOFF GmbH in Schweinfurt oben geschilderte Entwicklung vorangetrieben und patentrechtlich geschützt.

Besonders wichtig ist, daß die Innenschicht des Frontglases durch spezielles Bürsten trockenmechanisch vom Glas entfernt und abgesaugt werden kann.

Die Aufbereitung von Bildröhren darf verständlicherweise nur in den dafür vorgesehenen Anlagen von geschulten kompetenten Facharbeitern erfolgen.

Die zur Strahlenabsorption dem Glas zugeführten Metalloxide wie

- Bariumoxid,
- Bleioxid oder
- Strontiumoxid,

sind als unbedenklich anzusehen, da sie durch den Einschmelzprozeß inertisiert wurden.

Leuchtschicht der Bildröhren

Nach der trockenmechanisch technisch sauberen Trennung des Konus- und Linsenglases kann wie gesagt die Leuchtschicht durch Absaugen als sortengerechtes Gemisch umweltunschädlich erfaßt werden. Da die Leuchtschicht die wertvollen Stoffe wie z.B. Yttrium, Europhium u.a. enthält, wird zur Zeit eine Aufbereitungsmöglichkeit für die Wiederverwertung dieser Wertstoffe gesucht.

Eine weitere alternative trockenmechanische Bildschirmaufbereitung kann durch automatisierte Arbeitsabläufe nach dem Auftrennen des Frontglases vom Konusglas erfolgen.

Das Konusglas wird hierbei nach einer Magnetabscheidung einem Mahlvorgang zugeführt. Hierbei entstehen Korngrößen von kleiner als 1 mm. Der Mahlvorgang ist außerdem mit einer Entstaubungsanlage verbunden.

Das separierte Frontscheibenglas wird ebenfalls zerkleinert und die dabei entstehenden Stäube über entsprechende Filter abgesaugt. Die somit erfaßte Leuchtschicht kann als separate Fraktion entsorgt werden. Die separierte Glasfraktion führt man nach Magnetabscheidung, ähnlich wie das Konusglas, einem Mahlvorgang zu, der Frontglasgranulat kleiner als 1 mm Korngröße erzeugt.

Das Bleiglas wird im Umschmelzwerk verhüttet, das Linsenglas kann in der Flachglasherstellung verwendet werden und das gemahlene Glas in der Baustoffindustrie.

Die trockenmechanische Aufbereitung von Bildröhren hat den Vorteil, daß mit geringem Investitionsaufwand eine umweltgerechte Handhabung und hohe Wirtschaftlichkeit realisierbar ist.

3.5.3 Die naß-chemische Aufbereitung von Fernsehbildröhren

Bei diesem Verfahren wird nach vorheriger Zerkleinerung und Metallabscheidung die Beschichtungen in einem speziellen Waschprozeß abgelöst. In diesem Prozeß fällt neben dem gereinigten Bildschirmglas und Metallteilen ein feinstkörniger Rückstand, bestehend aus Glasabrieb und Beschichtungsstoffen an.

Das Ziel dieser technischen Aufbereitung der Bildröhren ist neben der Rückgewinnung von wiederverwertbaren Glas in möglichst reiner Form gleichzeitig eine Separation und Anreicherung der Beschichtungsstoffe. Diese Beschichtungsstoffe kann man durch eine spezielle naß-chemische Aufbereitung z.B. im Laugenverfahren behandeln.

naß-chemischer Verfahrensablauf

Im ersten Teil des Verfahrensablaufes erfolgt, ähnlich wie bei der trocken-mechanischen Aufbereitung, eine Abtrennung der Strahlerzeugereinheit von der belüfteten Bildröhre im Rahmen einer Vordemontage. Die so vorbereiteten Bildröhren transportiert man über ein Zwischenlager an die Zuführeinrichtung der Zerkleinerungsstufe. In einer speziellen Zerkleinerungsanlage, die zur Vermeidung von Staub- und Lärmemisionen gekapselt und mit einer Staubabscheidung versehen ist, entsteht der für den weiteren Prozeß erforderliche Glasbruch. Auf einer folgenden Förderstrecke erfolgt durch einen Überbandmagnetabscheider die Separation metallhaltiger Teile.

Die weitere Behandlung des Glasbruches findet in einer rotierenden Trommel mit einer Spezialwascheinheit statt, die mit Einsatz von Hochdruckwasserstrahlen ohne Zusatz von Chemikalien arbeitet. In der Verarbeitungsfolge führt man das behandelte Glas über mehrere Trennstufen, in denen eine Trennung des anhaftenden Feinschlammes und Prozesswassers erfolgt. Eine weitere Prozesstufe könnte im folgenden das dickwandige Schirmglas in relativ hoher Reinheit von dem dünnwandigen, bleihaltigen Konusglas trennen.

Das im Rahmen des Waschprozesses angereicherte Wasser enthält natürlich entsprechende Feinschlämme, die in nachgeschalteten Klassierstufen abgetrennt und auf speziell dafür geeigneten Bandfiltern zu entwässern sind. Das in diesem Prozeß entstandene Schadstoffgemisch muß danach dem Umweltrecht entsprechend entsorgt werden.

Das gereinigte Prozesswasser führt man in die Anlage zur Nutzung wieder zurück. Somit besteht die Möglichkeit, daß die gesamte Anlage infolge der Kreislaufführung weitgehend abwasserfrei betrieben werden kann. Die an den Endproukten verbliebene Restfeuchte gleicht man durch Neuzugabe aus.

Der Aufbau einer solchen Anlage erfordert einen relativ hohen Investitionsaufwand. Es ist jedoch davon auszugehen, daß durch die kontinuierliche Arbeitsfolge eine entsprechende Wirtschaftlichkeit erreichbar ist.

Die Kornverteilung des entstehenden Glasgranulates variiert zwischen 150 und kleiner als 10 µm. Die Ergebnisse von Stoffanalysen bestätigen, daß der Gehalt von Beschichtungsstoffen kornklassenabhängig ist. Mit zunehmender Korngröße verringert sich der Beschichtungsstoffanteil.

Der gesamte, in der Aufbereitungsanlage anfallende Rohschlamm muß wegen seiner hohen Schadstoffanteile auf einer Sondermülldeponie entsorgt werden. Natürlich besteht die Möglichkeit durch eine Klassierung mittels eines Flachbodenzyklons den zu deponierenden Rückstand um ca. 40 % zu minimieren.

Trennschleiftechnik

Eine weitere Möglichkeit zur Naßaufbereitung von Bildröhren kann in folgender Weise durchgeführt werden. Dabei sortiert man die vorbereiteten Bildröhren nach vorher festgelegten Größengruppen und führt sie über ein Rollenband an eine Trennmaschine.

Die dort vorhandenen Saugelemente erfassen die Bildröhre und führen sie in eine positionierte Lage des Trennraumes der Maschine. Zwei gegeneinander laufenden Diamanttrennscheiben trennen im Schleifprozeß unter Zugabe von Wasser als Kühlmedium das Linsenglas an der Grenzschicht zum Konusglas auf.
Die freigewordenen Fraktionen Konusglas und Linsenglas werden in eine Waschanlage befördert und dort von Schadstoffen befreit. Das mit Schadstoffen angereicherte Schmutzwasser wird nach Filterung erneut dem Kreislauf zugeführt.

Der Investitionsaufwand für diese Technik ist ebenfalls relativ hoch. Da ferner für das Auftrennen der Bildröhre durch den Trennschleifvorgang erhebliche Zeit erforderlich ist, kann lediglich eine begrenzte Wirtschaftlichkeit erreicht werden.

Zusätzliche Betriebskosten bei dieser Verfahrenstechnik entstehen durch Verschleiß an den hochwertigen Trennscheiben.

Wesentlicher Vorteil für diese Bildröhrenaufbereitungsart ist jedoch der relativ hohe Reinheitsgrad der separierten Glasfraktionen.

Die geeigneten Verwertungsmöglichkeiten der unterschiedlichen Glassorten sind, wie beim trocken-mechanischen Verfahren bereits beschrieben, in attraktiver Weise gegeben.

Bildröhrenglasverwertung

Während das bleihaltige Glas wieder in den verschiedenen Bereichen der Glasindustrie eingesetzt werden kann bzw. sich zur Gewinnung von Blei verwerten läßt, kann das bariumhaltige Frontscheibenglas für die Bauindustrie als hochwertiger Dämmstoffaufbereitet werden.

Die unterschiedlichen Rezepturen für die Herstellung des Frontscheibenglases bei den verschiedenen Bildröhrenherstellern verhindern jedoch noch eine Wiederverwendung der entsprechenden Glasfraktionen in der eigentlichen Bildröhrenherstellung.

Entsprechend dem gegewärtigen Stand der Technik ist jedoch offensichtlich der beschriebene Weg einer getrennten Verwertung der

Bildröhrenfraktionen vernünftig, da so dem Gedanken sortenreiner Wiederverwertung von Glas noch am ehesten zu entsprechen ist.

Eine vielfach alternativ dargestellte Verwertung von gemischten Scherben bzw. Glasgranulat als Zuschlagsstoff für Straßenbau bzw. Bergwerksstollen reicht nicht aus und sollte zukünftig den sich ständig entwickelnden Stand der Technik angepaßt werden.

3.6 Techniken für die Aufbereitung von Entladungslampen

Leuchtstofflampen

Die Leuchtstofflampen führt man hierzu sortiert in die Trennmaschine, in der in einem ersten Verfahrensschritt eine Belüftung erfolgt. Danach trennt man thermoelektrisch durch Erhitzen und Abkühlen die Lampenenden auf. Sie bestehen aus Natronkalksylikatglas, Aluminiumkappen, Bleiglas, Kontaktstiften, Sockelkitt, Leiterbahnen, Wolframfäden, unterschiedliche Mengen Leuchtstoff mit Quecksilber sowie andere Spurenelemente.

Der Leuchtstoff mit dem gebundenen Quecksilber wird in einem weiteren Verfahrensschritt mit Druckluft ausgeblasen und über Zyklone mit Feinstaubfiltern abgeschieden. Anschließend erfolgt eine Zerkleinerung der verbliebenen Glaskolben sowie spezieller Reinigungsvorgänge.

Das so behandelte Glas kann man als sortenreinen Glasbruch einer hochwertigen Wiederverwertung in der Glashütte zuführen.

Hochdruckentladungslampen

Die Verwertung von Hochdruckentladungslampen erfolgt in der Regel manuell mit einer mechanisierten Anlage. Hierbei ist zu beachten, daß lediglich der Brenner Quecksilber oder Quecksilberamalgam enthält. Die anderen Bestandteile sind schadstoffrei.

Nach Abtrennung des Außenkolbens kann das Glas gebrochen und z.B. mit Hilfe eines Schwingfliesbettes von den anhaftenden Pulverbestandteilen befreit werden. Das Glas kann nunmehr in der Glashütte Verwendung finden.

Den abgetrennten Sockelteil zerlegt man in metallische und nichtmetallische Bestandteile. Die Bestandteile des Brenners sind u.a.

Natriumamlagam. Durch Zugabe von Natronlauge wird dieser Stoff in Wasserstoff und Quecksilber zersetzt.

sonstige Lampenarten

Die übrigen Entladungslampen sind u.a. ringförmige Leuchtstofflampen sowie Kompaktleuchtstofflampen in Form von Energiesparlampen und anderes. Diese Produkte zerkleinert man zur Zeit noch mit einem Shredder und selektriert die Lampenenden für die Weiterverarbeitung.

Es ist davon auszugehen, daß in den nächsten Jahren neue Verfahrenstechniken und Anlagen entwickelt werden, die ein umweltverträgliches Recycling mit sortenreiner Glas- und Metalltrennung und hohem Wiederverwertungsgrad sichern. Man zielt hierbei auf eine Trennung der Leuchtstoffe mit Hilfe von Laser, spektroskopischen Erkennungsverfahren sowie getrenntem Ausblasen ab.

Zum Schluß sei erwähnt, daß die sogenannten Glühlampen keine Schadstoffe enthalten und deshalb problemlos zu verwerten sind. Man kann generell davon ausgehen, daß die Anforderungen an die Verwertung elektrischer Lampen in den nächsten Jahren sich erhöhen wird. Vor allem die Kompaktleuchtstofflampen mit ihrer relativ langen Lebensdauer erfordern in den nächsten Jahren weitergehende Verwertungskapazitäten.

4 Die Demontage von Elektronikschrott

Demontage-begriff

Der Begriff der Demontage wird mit unterschiedlichem Inhalt benutzt. Vielfach versteht man darunter eine vollständige Umkehrung des Montagevorganges in allen Einzelschritten. Darüberhinaus faßt man auch unter dem Begriff Demontage Zerlegungsvorgänge mit unterschiedlicher Zerlegetiefe zusammen.

Nach unserer Auffassung sollte im Elektronikschrottrecycling unter Demontage die Zerlegung von elektrischen und elektronischen Produkten in Einzelteile unter Berücksichtigung ihrer Wert- und Schadstoffanteile verstanden werden.

Ziel der Demontage

Das Ziel der Zerlegung besteht darin, mit einem möglichst geringen Aufwand eine Voraussetzung für die anschließende Trenntechnik zu schaffen. Dementsprechend wird im Regelfall die Demontage

1. die Schadstoffentfrachtung sichern,
2. Wertstoffe werkstoffgleich erfassen und
3. Materialverbunde zur Weiterverarbeitung bereitstellen.

Damit bestimmen u.a. die Schadstoffentfrachtung und die Möglichkeiten der Trenntechnik die Zerlegetiefe.

Ziel der technischen Entwicklung wird hierbei sein, durch Schaffung eines automatisierten Trennverfahrens den manuellen Aufwand zu minimieren. Damit stellt auch das technische Wissen über die notwendige Zerlegetiefe eine wesentliche Voraussetzung für einen wirtschaftlich arbeitenden Demontagebetrieb dar.

4.1 Aufbau und Anforderungen an einen Demontagebetrieb

Um eine wirtschaftliche Demontage durchführen zu können, ist eine Hallenfläche von mindestens 300m^2 erforderlich. Da die Demontage ein zeitaufwendiger und damit kostenintensiver Prozeß im Rahmen des Elektrorecyclings ist, sollten folgende Anforderungen beim Aufbau von Demontagezentren Berücksichtigung finden:

Demontagebedingungen

1. Auswahl und Einsatz von qualifiziertem und fachkundigen Personal,
2. Verwendung besonders entwickelter Werkzeuge und Vorrichtungen für die Durchführung der Demontage,
3. optimale Gestaltung der Demontageabläufe nach vorgegebenen Arbeitsplänen und Arbeitsanweisungen mit festgelegter Zerlegetiefe,
4. Realisierung einer zweckentsprechenden Logistik unter Berücksichtigung minimaler betrieblicher Transportwege sowie
5. sortengerechte Logistik unter Einsatz von Containern und Gitterboxen.

Ferner beeinflussen selbstverständlich die räumlichen Verhältnisse, das Elektronikschrottaufkommen und auch die zu verarbeitenden Gerätetypen die Einrichtung eines Demontagebetriebes.

4.1.1 Anforderungen für die Auswahl und den Einsatz von qualifizierten und fachkundigen Personal

Die Wiederverwertung von Elektronikschrott stellt einen verantwortungsbewußten, fachkundigen und dem Umweltrecht entsprechende Arbeitsablauf dar. Außer speziellen theoretischen Kentnissen über elektrotechnische Grundlagen sowie stoffliche Eigenschaften der verschiedenen Materialien sind vor allem ausgebildete handwerkliche Fähigkeiten sowie flexibles, eigenverantwortliches Handeln erforderlich.

Einige dieser fachlichen Anforderungen können in Form von Schulungen, Aus- und Weiterbildungen angelernt werden. Wenn man jedoch davon ausgeht, daß eine Vielzahl unterschiedlicher Geräte aus der Elektrotechnik/Elektronik zu verwerten sind und die meisten Produkte selbst innerhalb ihrer jeweiligen Geräteart zum Teil erhebliche technische und stoffliche Unterschiede aufweisen, so ergeben sich hohe Maßstäbe an ein permanentes Lernen der verantwortlichen Mitarbeiter.

Personalzusammensetzung

Es muß ein angemessenes Verhältnis von fachlich gut ausgebildeten Personal z.B. Elektriker, Fernsehmechaniker etc. und Hilfspersonal vorhanden sein.

In einigen Fällen erfordert der Demontageprozeß körperliche Belastungen. Während für die Fraktionierung und Zerlegung von kleinen und mittleren Geräten geringe bis mittlere physische Belastungen entstehen, sind für die Handhabung von Großgeräten höhere körperliche Belastungen der Mitarbeiter notwendig.

Unter Berücksichtigung dieser Gesichtspunkte kann man sowohl männliches als auch weibliches Personal in der Demontage einsetzen.

Behindertenwerkstätten

Gegenwärtig nutzen einige Zerlegebetriebe für die Gerätedemontage Personal aus Behindertenwerkstätten. Grundsätzlich muß man sagen, daß eine umfassende und weitgehend vollständige Demontage der Altgeräte durch körperlich oder geistig behinderte Mitarbeiter nicht zu verantworten ist. Man kann lediglich unter Berücksichtigung der personellen Besonderheiten unter fachkundiger Anleitung und Betreuung ausgewählte in ihrer stofflichen Zusammensetzung ungefährliche Komponenten nach einfachen Wertstoffkomponenten demontieren lassen.

Die Entwicklung des Elektrorecyclings stellt darüberhinaus an die Ausbildung des Demontagepersonals wegen der technische Entwicklung der Geräte ständig neue steigende Anforderungen. Für die im Recyclingprozeß eingesetzten Personen ist deshalb eine solide und umfassende Ausbildung sowie kontinuierliche Weiterbildung die Grundvoraussetzung für eine erfolgreiche Wiederverwertung des Elektronikschrottes.

Fachausbildung

Die Demontage von Elektronikschrott stellt hinsichtlich der Werkstoffkunde sowie der elektrotechnischen Kenntnisse eine abwechslungsreiche Tätigkeit dar, deren Anforderungsprofil wegen des technischen Fortschritts in der Elektronik sich laufend wandelt. Wünschenswert wäre in diesem Zusammenhang die systematische Ausbildung als Facharbeiter für die Wiederverwertung von Elektronikschrott.

Das zur Zeit vorhandene öffentliche Interesse für die Umwelttechnik und das Elektronikschrottrecycling kann eine Entwicklung dieses Berufsbildes begünstigen.

Die Ausbildung von ingenieurtechnischen Personal ist eng mit der zunehmenden Verantwortung der Elektro- und Elektronikindustrie nach dem Kreislaufwirtschaftsgesetz bei der recyclinggerechten Entwicklung und Konstruktion elektrischer Geräte verbunden. Bereits jetzt bestehen an einigen Universitäten, Hochschulen und Fachhochschulen Wahlfächer, die sich mit dem Thema Elektronikschrottrecycling ausführlich befassen.

4.1.2 Werkzeuge und Vorrichtungen für die Durchführung der Demontage

Die Demontageprozesse können einfache Arbeitsplatzausrüstungen Verwendung finden. Unter Berücksichtigung der Ergonomie und der Optimierung von Arbeitsabläufen ist eine technische Ausstattung empfehlenswert, die es ermöglicht, Demontageabläufe zu vereinfachen.

Bewährt haben sich hierbei der Einsatz von Druckluftwerkzeugen. Sie besitzen ein geringes Gewicht, sind sehr leistungsfähig und die Handhabung ist einfach. Außerdem stehen eine große Auswahl von Zusatzwerkzeugen zur Verfügung.

Arbeitsplatzausstattung

Zur Mindestausstattung eines Arbeitsplatzes sollten folgende Einrichtungen und Hilfsmittel gehören:

- Werkbank mit Schienengestell für die Aufhängung und die Führung der Werkzeuge,

- Druckluftwerkzeuge bestehend aus einem Senkrechtschrauber mit mittlerem Drehmoment, einem Senkrechtschlagschrauber mit hohem Drehmoment, einem Schrauber mit Pistolengriff und hohem Drehmoment, einer Druckluftschere, einem Druckluftwinkelschleifer, einem Druckluftmeiselhammer sowie verschiedene Werkzeug halter und Zubehör. Die Anschlußelemente für die Werk zeuge sind Schnellwechselkupplungen,

- Beleuchtungseinrichtung über der Werkbank,

- einfache Werkzeugausrüstungen wie Hammer, Schrauben zieher, Schraubenschlüssel, Seidenschneider, Zange, Schraubstock, Blechschere, Bohrmaschine und andere,

- Wechselcontainer verschiedener Größe,

- Hubwagen,

- Handhebelschere u.ä.

Die Kosten für einen Demontageplatz bei vorher genannter Ausstattung betragen ca. 5.000 - 8.000 DM.

sonstige Transporthilfsmittel

Für die Demontage von großen Mengen gleicher Geräte ist die Errichtung von Zuführeinrichtungen sinnvoll. Dazu zählen vor allem

- Förderbänder,
- Rollenbahnen,
- Kugeltische sowie
- Rollwagen.

Häufig verwendet man Hubtische an denen ebenfalls demontiert werden kann.

Für den Transport schwerer Geräte können Krananlagen, pneumatisch oder hydraulisch betriebene Hubhilfen und ähnliches benutzt werden.

Für die Aufnahme der zerlegten Fraktionen verwendet man Stahlblechbehälter, die in ihrer Größe und Anordnung dem entsprechenden Mengenanfall der zerlegten Elemente angepaßt sind, für die Erfassung der Schadstoffe flüssigkeitsdichte sowie säurefeste Behältnisse.

Zur Grundausstattung eines Demontagebetriebes gehört auch eine geeignete Wiegeeinrichtung. Die Materialein- und -ausgänge sind nach Art und Gewicht zu erfassen. Vorteilhaft sind Wiegeeinrichtungen mit maschinellem Ausdruck der Gewichte. Die Belastbarkeit der Waage sollte mindestens 2 Tonnen betragen.

Einige Elektronikschrottverwerter verwenden spezielle Hubwagen mit eingebauter Wiegeeinrichtung. Diese Geräte haben den Vorteil, daß sie flexibel einsetzbar sind und Transportwege für die Materialein- und -ausgänge minimieren. Größere Materialmengen sollten jedoch auf einer speziellen Fahrzeugwaage erfaßt werden.

An den Demontagearbeitsplätzen müssen jeweils mindestens zwei Steckdosen vorhanden sein. Für spezielle Aufgaben sind Elektrowerkszeuge als Ergänzung zur Drucklufttechnik für spezielle Anwendungen einzusetzen.

Werkzeugausstattung

Um bei sperrigem Elektronikschrott vorzerlegen zu können, sind flexible Akkuschrauber zu verwenden. Diese sollten auch zu der auf dem Transportfahrzeug mitzuführenden Werkzeuggrundausstattung gehören.

Für die Durchführung von Wartungs- und Reparaturarbeiten sind weitere technische Geräte und Hilfsmittel erforderlich. Besonders wichtig sind hierbei:

- ein Schleifbock,
- ein Schweißgerät,
- eine Bohrmaschine und
- ein leistungsstarker Elektrotrennschleifer.

Einige Altgeräte werden vor ihrer Demontage für den Fall der Wiederverwendung einem Funktionstest unterzogen. Dazu benötigt man folgende Meßgeräte und Hilfsmittel:

elektrische Prüfhilfs-mittel

- Spannungsprüfer,
- Strom-, Spannungs- und Wiederstandsmeßgeräte,
- Stromversorgungsgerät mit einstellbaren Strom- und Spannungswerten,
- spezielle Bauelementeprüfgeräte,
- elektrische Durchgangsprüfer und
- weitere zweckentsprechende Funktionstester für bestimmte Geräte, Baugruppen und Bauelemente.

Die Nutzung dieser Hilfsmittel ist besonders wichtig, wenn man beabsichtigt, funktionsfähige Altgeräte, Baugruppen und Bauelemente wieder zu verwenden. Diese Geräteprüfung sollte jedoch nur von fachlich gut ausgebildeten Personal vorgenommen werden. Wenn die Qualifikation des Personals im Recyclingzentrum auf diesem Gebiet unzureichend ist, könnte die Zusammenarbeit mit einer Reparaturwerkstatt sinnvoll sein.

Einige fraktionierte Baugruppen wie z.B. größere Transformatoren, Ankerwicklungen aus Motoren, Drosselspulen und ähnliches eignen sich zum Teil für die mechanisierte Wertstoffzerlegung.

Trennvor-richtungen

Man kann hierbei hydraulische Schervorrichtungen oder Schlagvorrichtungen sowie Biege- und Hebelvorrichtungen zum Ausbrechen, Abschneiden oder Heraustrennung von Kupferwicklungen und andere Wertstoffkomponenten einsetzen. Diese Hilfstechniken sind jedoch nur dann sinnvoll, wenn eine entsprechende Wirtschaftlichkeit verbunden mit höherer Wertschöpfung im Verarbeitungsprozeß nachweisbar ist.

Viele dieser speziell entwickelten Hilfsmittel sind in ihrer Funktionalität noch nicht vollkommen. Weitere Ideen und Verbesserungsvorschläge sind notwendig, um zu einer Steigerung der Produktivität im Zerlegebetrieb zu kommen.

4.1.3 Arbeitspläne und Arbeitsanweisungen für eine spezifizierte Demontage

Um die manuellen Arbeitstätigkeiten beim Zerlegen bestimmter Geräte oder Gerätegruppen zu optimieren, sind die entsprechenden Arbeitsabläufe unter Berücksichtigung von Vorgabezeiten festzulegen. Durchgeführte Testdemontagen ergaben folgende Zerlegezeiten für ausgewählter Geräte in bestimmter Zerlegetiefe:

Zerlegezeiten

	in Minuten
- Fernsehgeräte,	10 - 15
- Monitore,	5 - 10
- Radios,	8 - 15
- Stromregler,	10 - 15
- Tonbandgeräte,	10 - 13
- Plattenspieler,	8 - 12
- Kopierer,	30 - 45
- Videorecorder	8 - 15

Um diese Vorgabezeiten zu erreichen, ist die Festlegung der einzelnen Arbeitsgänge nach Art und Reihenfolge in Form einer Arbeitsanweisung notwendig.

Die Gliederung einzelner Arbeitsgänge wird natürlich auch innerhalb gleicher Gerätearten vom unterschiedlichen inneren Aufbau festgelegt. Die Arbeitsanweisung für die Zerlegung von Fernsehgeräten kann z.B. folgende Arbeitsgänge vorgeben:

Demontageablauf von Fernsehgeräten

1. Geräte aufnehmen,
2. Rückwand öffnen,
3. Bildröhre belüften,
4. Chassis entfernen,
5. Kabel und Drähte entfernen,
6. Kondensatoren und Trafos vom Chassis entnehmen,
7. Lautsprecher und sonstige vom Chassis unabhänige Baugruppen separieren,
8. Bildröhre entnehmen,
9. Gehäuse von sonstigen Metallteilen und Kunststoffen befreien und
10. Kontrolle der fraktionierten Komponenten.

notwendige Zerlegetiefe

In ähnlicher Weise kann man Arbeitsgänge für die Zerlegung anderer Gerätegruppen mit konkreten Zeitvorgaben festlegen. Hierbei kommt es besonders darauf an, die minimale Zerlegetiefe vorzugeben, die die

- Schadstoffentfrachtung,
- Wertstofftrennung und die
- Weiterverarbeitung

der Materialverbunde sichert.

Die Beschreibung der im Arbeitsplan und den Arbeitsanweisungen vorgegebenen Abläufe kann durch Musterfraktionen, Fotos oder Layouts anschaulich unterstützt werden.

Diese einheitliche Vorgabe der gerätebezogenen günstigsten Demonageabläufe soll einen rationellen Arbeitsablauf für das gesamte Demontagepersonal sicherstellen.

Die arbeitsplatzbezogenen Arbeitspläne und Arbeitsanweisungen dürfen dabei maximal 1 Jahr alt sein. Sie sind aufgrund der sich ändemden Gerätekonstruktionen sowie der praktischen Erfahrungen und Fertigkeiten den Erfordernissen einer leistungsstarken Demontage anzupassen. Die Einhaltung der Arbeitsanweisungen ist eine notwendige Voraussetzung für eine rationelle Demontage.

Arbeitsnachweis

Die Mitarbeiter sollten deshalb Arbeitsnachweise über ihre Arbeitsleistungen täglich abrechnen. Nur so ist die Entwicklung der Arbeitsergebnisse zu kontrollieren und zu beeinflußen. Die nachgewiesenen Arbeitsergebnisse können somit auf vergleichbare Grundlage, personenbezogen verfolgt werden. Dies ist für eine Leistungsbewertung und Auswertung besonders wichtig.

4.1.4 Aufwendungen für Logistik und Transport

Wichtige Anforderungen für die Logistik ergeben sich aus den Schwerpunkten:

- Erfassung, Transport und Aufnahme des Elektronikschrottes im Demontagebetrieb,

- Innerbetrieblicher Transport sowie Lagerung der Geräte und Fraktionen nach Gesichtspunkten der Demontage,

- Transport wert- und schadstoffhaltiger Fraktionen zur Aufbereitung, Verwertung, Verkauf und Entsorgung.

Diese Funktionen erfordern eine entsprechende technische Ausstattung. Für die Sammlung, Erfassung und den Transport des Elektroschrottes eignen sich Fahrzeuge mit geschlossener Ladefläche und Ladebordwand.

innerbetriebliche Transportmittel

Für die Aufnahme der Materialien sowie dem innerbetrieblichen Transport sind Stapler, Hubwagen, Sackkarren und anderes gut geeignet.

Für den Einsatz der Stapler im Hallenbereich ist entweder Elektroantrieb oder Treibgasmotoren vorgeschrieben. Hierbei sollte man den Einsatz von Treibgasstaplern den Vorzug geben. Diese sind wesentlich leistungsfähiger und ständig betriebsbereit. Die Energieaufwendungen sind etwas höher wie beim Elektrostapler. Man muß jedoch berücksichtigen, daß die Batterie am Elektrostapler nach 5 - 8 Jahren zu erneuern ist und erhebliche Kosten verursacht. Hinzu kommt die ständige Abhängigkeit des Elektrostaplers vom Ladegerät.

Lagerung von Elektronikschrott

Für eine optimale Auslastung der zur Verfügung stehenden Lagerfläche eignen sich spezielle Hochregallager. Die Altgeräte können auf Holzpaletten abgelegt und in die Regalablage gebracht werden. Diese Form der Lagerung eignet sich besonders gut für die Aufbewahrung der Fernsehgeräte.

Andere Kleingeräte bzw. Komponenten und ausgewählte fraktionierte Bestandteile können in Gitterboxpaletten erfaßt und rationell gestapelt werden.

Eine rationelle Logistik zur Erfassung der Altgeräte im Demontagezentrum ist durch eine Zusammenarbeit mit einem professionellen Spediteur oder ortsansässigen Entsorgern möglich. Diese Zusammenarbeit mit spezialisierten Unternehmen sichert einen rationellen Wareneingang.

Transportleistungen

Einige Spediteure bieten Leistungen an, die für das vielseitige Gerätespektrum erforderlich sind. Sie ermöglichen z.B. einen regelmäßigen Abholrythmus in speziellen Transportbehältern beim Kunden. Auch Kunden, die Kleinstmengen zur Verfügung stellen, können unter Berücksichtigung sinnvoller Tourenpläne, die auch die Abholung anderer Produkte umfassen, wirtschaftlich vertretbar sein. Ähnliche Vorteile ergeben sich auch für den Transport von Fraktionen, Wert- und Schadstoffen zur Verwertung und Entsorgung.

Verträge über die Wiederverwertung sollten möglichst direkt mit der Anfallstelle abgeschlossen werden. Alternative Verträge mit Mittlern für Elektronikschrott bergen die Gefahr manipulierter Verwertungswege.

Logistik nach Aufkommen

Im Logistikkonzept ist die Erfassung von Elektronikschrott nach folgenden Aufkommensarten differenziert zu berücksichtigen:

- Erfassung der Geräte aus dem Sperrmüll,
- Abholung von Altgeräten aus privaten Haushalten,
- Rückführung der Altgeräte, die im Groß- und Einzelhandel gesammelt wurden,
- Abholung der Altgeräte sowie Produktionsrückstände beim Hersteller,
- Erfassung des Elektronikschrottes aus Werkstätten.
- Rückführung der Altgeräte aus dem Versandhandel,
- Aufnahme von Altgeräten durch eigene Sammlungen des Verwerters,
- Abholung der in den Recyclinghöfen der Kommunen erfaßten Elektrogeräte.

Die Erfassung der unterschiedlichen Aufkommensarten erfordert jeweils eine angepaßte besondere Logistik. Eine Koordination der Sammlungen der Altgeräte mit einem optimierten Transport sind die Basis für eine sichere und umweltschonende Elektronikschrottverwertung.

Innerhalb der Recyclingkette Sammlung, Zerlegung, Aufbereitung, Verwertung und Entsorgung nimmt der Bereich der Sammlung eine Schlüsselposition ein. Je wirtschaftlicher und vollständiger der vorhandene Elektronikschrott erfaßt und dem Recyclingbetrieb zugeführt werden kann, um so rationeller können die übrigen Bereiche der Recyclingkette gestaltet werden.

Die Sammlung und Erfassung des Elektroschrottes sollte deshalb unter Berücksichtigung einer entsprechenden Logistik

- das Aufkommen der Entfallstellen sichern,
- die Transportwege optimieren und einen
- Zugriff auf geeignete Transportmittel sichern.

Die Transportmittel müssen so geeignet sein, daß beim Beladen und durch den Transport Altgeräte nicht beschädigt werden, um ein Gefahrenpotential für Mensch und Umwelt zu meiden. Die Wiederverwertung von beschädigten Altgeräten, deren Schadstoffe infolge von unsachgemäßer Behandlung freigesetzt wurden, ist besonders aufwendig und kostenintensiv.

4.2 Gestaltung des Arbeitsablaufes im Demontagebetrieb

Die Demontage des Elektroschrottes ist ein zeitaufwendiger und damit kostenintensiver Prozeß im Rahmen der Recyclingkette. Sie beschränkt sich deshalb auf eine Demontage nach wert- und schadstoffhaltigen Fraktionen mit minimaler Zerlegetiefe.

Ein wichtiges Demontageziel ist eine ordnungsgemäße Schadstoffentfrachtung durch eine lückenlose Erfassung der schadstoffbelasteten Komponenten und eine Entsorgung nach dem Umweltrecht.

Arbeitsvorgänge im Demontagebetrieb

Die im Demontagebetrieb erforderlichen Arbeitsabläufe wie:

- Warenannahme des Elektronikschrottes,
- die Grobsortierung und Lagerung des Elektronikschrottes,
- die Zerlegung der Altgeräte und Fraktionierung,
- die Lagerung von wert- und schadstoffhaltigen Komponenten sowie
- der Materialausgang

müssen sorgfältig aufeinander abgestimmt sein.

Nachlässigkeiten in der Demontage können für die nachfolgenden Arbeitsabläufe zum Teil erhebliche für Mensch und Umwelt gefährdende Probleme verursachen.

Die Organisation des Materialdurchlaufes unter Berücksichtigung der Schadstoffentfrachtung ist die entscheidende Grundlage für den Arbeitsschutz, eine Umweltverträglichkeit und eine Wirtschaftlichkeit.

4.2.1 Wareneingang des Elektronikschrottes im Demontage betrieb

Der Annahmebereich für Elektroschrott erfordert eine auf die schnelle Kundenabfertigung festgelegte Organisation. Die Geräte werden nach Menge und Produktgruppen erfaßt, vorsortiert und zwischengelagert. Der Kunde erhält einen Wareneingangsschein mit den notwendigen Angaben als Grundlage für den Nachweis der Stoffströme nach dem Abfallrecht.

Die mit dem Wareneingang verbundene Vorsortierung berücksichtigt hierbei spezielle Demontagelinien sowie Demontagetechniken. Im Eingangsbereich kann unter bestimmten Bedingungen für Großgeräte bereits eine Vordemontage sinnvoll sein, um den Raumbedarf zu senken. Wichtige Betriebsmittel für eine funktionierende Annahme von Altgeräten sind:

- Flurförderfahrzeuge,
- Hubwagen,
- Leergutbehälter,
- Wiegeeinrichtung,
- Lagerfläche sowie
- Regale oder ähnliche Hilfsmittel.

Um einen optimalen Materialfluß bereits im Wareneingang zu ermöglichen, muß für den Lagerbereich eine flexible Zugriffsmöglichkeit sowie eine demontagegerechte Lagerung vorgenommen werden. Die Transportwege innerhalb des Lagerbereiches sind durch Markierungslinien zu kennzeichnen.

Für die Lagerung der vorsortierten Gerätegruppen muß im Interesse der folgenden Bearbeitungsprozesse eine freie Zugänglichkeit sowie eine mit geringstem Aufwand verbundene Entnahme der Geräte für die Demontagelinie möglich sein.

Wareneingangsbuch

Wesentlicher organisatorischer Bestandteil des Wareneinganges ist eine umfassende Nachweisführung des erfaßten Elektronikschrottes. Zu diesem Zweck sollte ein Wareneingangsbuch geführt werden. Folgende wichtige Angaben werden hierbei erfaßt:

- Zeitangabe der Erfassung,
- Kundenanschrift mit Namen und genaue Anschrift,
- Menge und Art des Elektronikschrottes,
- Hinweise über Leergutaustausch,
- sonstige kundenspezifische Hinweise,
- Bestätigung der Richtigkeit der Angaben durch Unterschrift des Anlieferers.

Diese Daten sind Grundlage für die folgende Aufbereitung in einer Kundendatei der EDV und für die Fakturierung.

Die Mitarbeiter im Wareneingang tragen eine wichtige Verantwortung sowohl für die Entwicklung von Kundenbeziehungen als auch für die optimale Gestaltung des Materialdurchlaufes. Sie müssen in besonderer Weise die Anforderungen des Betriebes mit den Kundenwünschen verbinden.

Durch fachlich kompetentes Auftreten der Mitarbeiter des Wareneinganges kann eine wichtige Voraussetzung für die Entwicklung der Kundenbeziehungen unterstützt werden. Für eine erfolgreiche, dauerhafte Kundenbeziehung ist es wichtig, den Kunden die Leistungen in der Verwertung zu verdeutlichen und hierüber kontinuierlich zu informieren.

4.2.2 Die Durchführung der Demontage des Elektroschrottes sowie die Fraktionierung

Die Zerlegung des Elektroschrottes stellt eine komplizierte Abfolge dar, die hohes fachliches Wissen, handwerkliches Geschick sowie verantwortungsbewußtes Handeln erfordert.

Der Elektronikschrott mit seiner Vielzahl verschiedener Geräte ist sicherlich hinsichtlich der Besonderheiten, der Funktionsweise, des Aufbaues sowie der eingesetzten Werkstoffe nicht überschaubar.

Die spezielle Behandlung bestimmter Gerätegruppen jedoch ergibt sich in erster Linie aus den vorhandenen Schadstoffen, den zum Teil in sortenreiner Form vorhandenen Wertstoffen sowie den technischen Anforderungen der nachfolgend festgelegen Aufbereitungsverfahren.

Schadstoffentfrachtung

Die Schadstoffentfrachtung ist im Rahmen des Demontageprozesses die wichtigste Aufgabe. Es muß in jedem Fall gesichert sein, daß alle Schadstoffe zuverlässig separiert und einer dem Umweltrecht entsprechenden Aufarbeitung oder Entsorgung zugeführt werden.

Man sollte bereits im Wareneingang bei bestimmten Geräten auf wichtige Anforderungen der Schadstoffentfrachtung hinweisen. Die freigewordenen Wertstoffe jedoch können mit hohem Reinheitsgrad problemlos in den Wirtschaftskreislauf zurückgeführt werden.

Da sich die Altgeräte in ihrem inneren Aufbau und den verwendeten Materialien kontinuierlich nach dem technischen Fortschritt entwickeln, muß das benötigte Fachwissen ständig aktualisiert werden. Im Demontageprozeß können nämlich einige Gefahrenquellen im Hinblick auf Arbeitssicherheit des Personals sowie Umgang mit Schadstoffen entstehen. Die Durchführung der Demontage erfordert deshalb sogar qualifiziertes und kontinuierlich geschultes Personal nach Gerätegruppe.

Testdemontage

Um eine korrekte Behandlung unbekannter Altgeräte vornehmen zu können, sollte man Testdemontagen durchführen. Die Mustergeräte zerlegt man in Einzelteile bzw. Einzelkomponenten unter Berücksichtigung ihres konstruktiven Aufbaus. Die mit der Zerlegung verbundenen Arbeitsschritte sind zu protokollieren. Die dabei separierten schad- und wertstoffhaltigen Bauelemente faßt man in Gruppen zusammen und bestimmt auf dieser Grundlage die Fraktionierung.

Aus den protokollierten Informationen über Arbeitsaufwand, Schadstoffanteile, sortenreine Wertstoffe und Wertstoffgemische kann dann ein Arbeitsplan mit den erforderlichen Arbeitsanweisungen erstellt werden.

Die gewichtsmäßige Erfassung stofflicher Bestandteile aus der Testdemontage ist außerdem Bestandteil von Preiskalkulationen, Wirtschaftlichkeitsberechnungen und sonstige Auswertungen gegenüber den Kunden.

Zwischen den so gewonnenen Erkenntnissen und der praktischen Durchführung im Betrieb müssen sich kontinuierlich Wechselbeziehungen für die Optimierung der Demontagetechnik entwickeln.

Aber auch für vertraute Gerätegruppen mit bekannter inneren Struktur und Werkstoffanteilen sind Testdemontagen in bestimmten Zeitabständen zu wiederholen. Dadurch ist es auf der anderen Seite

Einflußfaktoren auf die Zerlegetechnik

auch möglich, die Qualität und Quantität der Zerlegetätigkeit den technischen Entwicklungen anzupassen. Damit folgt die Demontage nicht nur den sich ändernden Geräten, sondern auch der Entwicklung ihrer eigenen Technik, so daß sie sich laufend zwischen diesen beiden Einflüssen fortentwickelt.

Wichtiges Kriterium für die erfolgreiche Durchführung der Demontage ist die eindeutige Identifikation der Schadstoffe. Denn wenn man schadstoffhaltige Komponenten sicher entfernen will, muß man sie eindeutig von anderen Stoffen unterscheiden können.

Es ist bekannt, daß vor allem solche Fraktionen wie Leiterplatten eine Vielzahl unterschiedlicher stofflicher und auch schadstoffhaltiger Bestandteile enthalten kann. Bei einigen Bauelementen ist dabei bereits aus der Kennzeichnung der Einsatz von Schadstoffen erkennbar. Andere Bestandteile enthalten in unterschiedlicher Menge und mit einer gewissen Wahrscheinlichkeit Schadstoffe.

Schadstofferkennung

Leider ist eine automatisierte Erkennung und Separation von Schadstoffen kaum möglich. Die notwendige manuelle Tätigkeit der Schadstoffentfrachtung muß im Zweifelsfall, wenn keine eindeutige Schadstoffidentifizierung erfolgen kann, Komponenten als Schadstoffe sicherheitshalber einordnen.

Kondensatoren

In vielen Komponenten und Baugruppen elektrischer Geräte sind Kondensatoren vorhanden, diese Bauelemente enthalten zum Teil als Dielektrikum PCB-haltige Stoffe. Leider ist es nach dem gegenwärtigen Stand der Technik nicht möglich, außer mit bestimmten, jedoch zum Teil mangelhaft vorhandenen Kennzeichnungen bei Kondensatoren exakt festzustellen, ob PCB enthalten ist oder nicht. Es ist in jedem Fall empfehlenswert, die nicht identifizierbaren Elektrolyt- oder Papierkondensatoren vorsorglich der schadstoffhaltigen Fraktion zuzuordnen. Die Schadstoffträger im Kondensator sind PCB-haltige Flüssigkeiten oder in PCB getränktes Papier.

Für bestimmte Verwendungszwecke setzt die Industrie Keramikkondensatoren ein. Diese bestehen aus einem Keramikkörper mit aufgedampften und kontaktierten Metallflächen. Diese Art der Kondensatoren sind schadstoffrei.

Als schadstoffhaltige Bauelemente klassifiziert man neben Kondensatoren vor allem zahlreiche Batteriesorten, Akkumulatoren, Quecksilberrelais und LCD's.

Erwähnenswert sind außerdem die in den Bildröhren als Leuchtschicht verwendeten Werkstoffe wie z.B. Asbest, Strontium, Europhium, Yttrium sowie verschiedene Schwermetallverbindungen.

Für das Entfernen von Schadstoffen bestimmter Bauelemente sind spezielle Werkzeuge bzw. Separationstechniken erforderlich. So muß man z.B. die in den Bildröhren enthaltenen Schadstoffe durch spezielle Verfahren separieren. Für die Entfernung von Quecksilber sind entsprechende Vorsichtsmaßnahmen sowie Unfallverhütungsvorschriften einzuhalten.

Die aufgeführten Beispiele der Schadstoffentfrachtung zeigen den hohen Anspruch an die Arbeitsweise und die Leistungsfähigkeit der Verwertungsunternehmen.

häufige Schadstoffe

Während des Demontageprozesses findet man zusammenfassend folgende Stoffe, die als Sonderabfall zu entsorgen sind:

- PCB-haltige Stoffe in den Kondensatoren, eine Verwertung dieser Schadstoffart kann nicht erfolgen,

- öl- bzw. fetthaltige Bauteile, diese Produkte kann man unter Berücksichtigung gesetzlicher Vorschriften stofflich und energetisch verwerten,

- FCKW-haltige Werkstoffe, Hersteller sind zur Rücknahme der erfaßten Stoffe verpflichtet,

- verschiedene, mit Additiven versehenen Kunststoffe, eine Aufbereitung der Materialien ist möglich, die zur Verfügung stehenden Verwertungskapazitäten sind jedoch völlig unzureichend,

- Holzwerkstoffe, die in flammhemmden Mitteln getränkt worden sind,

- asbesthaltige Materialien,

- schwermetallhaltige Stoffe, die Möglichkeiten für eine wirtschaftliche Verwertung ist gegenwärtig noch unzureichend,

- quecksilberhaltige Bauelemente, einer Verwertung ist durch die Anwendung spezieller Verfahrenstechniken in akzeptabler Weise möglich,

- die Verwertung anderer Werkstoffe wie z.B. Kadmium, Nickel und Chrom ist grundsätzlich möglich.

Demontage-kriterien

Die manuelle Demontage im Rahmen des Elektronikschrottrecyclings erfolgt also unter Berücksichtigung folgender Kritierien:

- Erfassung von Bauelementen und Baugruppen für eine Wiederverwendung,

- Fraktionierung in sortenreine Werkstoffe

- Fraktionierung in Verbundwerkstoffe, für die eine Aufbereitung durch eine automatisierte Trenntechnik möglich ist.

In der Demontage entstehen auch Fraktionen aus Werkstoffen, deren wichtigste Gruppe aus Metallen besteht. Natürlich wird eine Demontage von Geräten und Baugruppen nicht immer eine vollständige Trennung der enthaltenen Metalle herbeiführen können. Der Aufwand für diese hohe Zerlegetiefe wäre kostenseitig nicht zu vertreten. Die Entscheidung für eine vertretbare Zerlegetiefe zur Separation sortenreiner Metalle ist von folgenden Kriterien wesentlich bestimmt:

- Gewichtsanteile der vorhandenen sortenreinen Stoffe,
- Zeitaufwand für die Zerlegung,
- Wertstofferlöse für verschiedene Werkstoffe,
- Rationalisierungsgrad durch die der Demontage folgenden automatisierten Trenntechnik.

Die Entscheidung über eine bestimmte Zerlegetiefe wird z.B. bei der Handhabung von Transformatoren, Drosseln oder ähnliche Bauelemente unsinnig, die aus massiven Kupfer- und Eisenteilen bestehen.

Die Entnahme von Transformatoren aus den Altgeräten ist zunächst regelmäßig mit einem relativ geringen Aufwand möglich. Wenn man jedoch versucht mit den Demontagewerkzeugen die Transformatoren in sortenreines Kupfer und Eisen zu zerlegen, entstehen kaum zu vertretende Kostenbelastungen. Die Aufbereitung der kompletten Transformatoren durch einen Metallshredder wird bei einem Kostenvergleich der Demontage immer überlegen sein.

Die Zerlegetiefe für schadstoffreie Geräte oder Baugruppen reduziert sich zukünftig mit der Entwicklung der Trenntechnik wesentlich. Gegenwärtig existieren bereits wirtschaftlich arbeitende automatisierte Trennanlagen, die den Demontageaufwand verringern.

Eine andere wichtige Demontagefraktion besteht aus Kabeln und Steckern. Diese Materialien können problemlos durch mechanische Aufbereitungsverfahren und hüttentechnische Arbeitsprozesse in sortenreine Wertstoffe getrennt werden.

Sortierung von Leiterplatten

Eine nächste Fraktion besteht aus Leiterplatten. Aufgrund der komplexen, stofflich sehr unterschiedlichen Zusammensetzungen, sollte man Leiterplatten in vier Gruppen sortieren:

- Leiterplatten mit relativ hohen Edelmetallanteilen z.B. zahlreiche Steckerleisten, Speicherchips, Prozessoren, Kontaktierungselemtente und anderes,
- Leiterplatten mit relativ geringem Edelmetallanteil z.B. Platinen aus Telefonanlagen, verschiedene Kommunikationsgeräte, elektronisches Kinderspielzeug und ähnliches,
- Leiterplatten ohne Edelmetallanteile, jedoch mit zahlreichen metallhaltigen Bauelementen z.B. Relaisplatinen aus Fernmeldeeinrichtungen, Leistungselektronik und ähnliches,

- Unbestückte Leiterplatten bzw. Platinen mit sehr geringen wertstoffhaltigen Bauelementen.

Diese Leiterplattenfraktionen müssen schadstoffrei sein. Die weitere Verarbeitung der fraktionierten Leiterplatten kann wie beschrieben durch trockenmechanische Verfahren bzw. elektrochemische und hüttentechnische Prozesse vorgenommen werden.

Die bei der Demontage separierten Kunststoffe sind möglichst sortenrein zu fraktionieren. Man muß jedoch berücksichtigen, daß in der Regel Mischkunststoffe ohne Kennzeichnung anfallen.

Die Einteilung der zerlegten Komponenten wird entscheidend von der stofflichen Zusammensetzung und Konstruktion der Geräte bestimmt.

spezialisierte Zerlegebereiche

Aus der Festlegung sinnvoller Produktgruppen für eine spezialisierte Demontage ergeben sich wiederum gesonderte Zerlegebereiche. So kann man z.B. die Demontage in folgende Arbeitsbereiche aufteilen:

- Arbeitsplätze für die Durchführung der Demontage von Bildschirmgeräten,
- Arbeitsplätze für die Kleingerätedemontage und
- Arbeitsplätze mit flexiblen Werkzeugen für die Durchführung einer Großgerätedemontage.

Diese Klassifizierung in verschiedene Arbeitsbereiche sichert eine produktgruppenbezogene und optimierte Arbeitsplatzgestaltung mit spezialisierter Werkzeugausrüstung. Man kann die Zerlegebereiche auch weiter spezialisieren. Voraussetzung dafür ist jedoch, daß eine kontinuierliche Bereitstellung des Materials für die spezialisierten Demontageplätze erfolgen kann.

Die Durchführung einer ordnungsgemäßen Demontagetätigkeit erfordert darüberhinaus zahlreiche Nebentätigkeiten wie z.B. die Kontrolle und Überwachung der Schadstoffentfrachtung, die Koordinierung des Materialflusses, die differenzierte Behandlung unbekannter Gerätegruppen und ähnliches.

rationelle Arbeitsvorbereitung

Die Produktivität der Demontageleistungen ist von der rationellen Gestaltung der einzelnen Arbeitsabläufe abhängig. Solche Schwerpunkte wie

- Beschreibung von Arbeitsabläufen,
- Ergonomie am Arbeitsplatz,
- technischer Ausstattungsgrad,
- Befähigung des Demontagepersonals und
- differenzierte Vorgabe und Abrechnung individueller Arbeitsleistungen

tragen wesentlich zur Leistungssteigerung im Demontagebetrieb bei.

4.2.3 Die Lagerung der Fraktionen bzw. Schadstoffe sowie die Organisation von Arbeitsabläufen im Warenausgang

Im Interesse einer lückenlosen Dokumentation des Materialflusses müssen alle stofflichen Ausgänge ohne Ausnahme verfolgbar sein. Dabei sind die fraktionierten Wert- und Schadstoffe nach Art und Menge genau zu erfassen.

Volumenreduzierung im Lagerbereich

Die Lagerung von Fraktionen aus dem Demontageprozeß sollte möglichst in Großcontainern erfolgen. Damit kann der Betrieb auch ein aufwendiges Umladen oder Verladen ersparen. Um darüber hinaus Lagerhaltungs- sowie Transportkosten zu minimieren, ist eine Volumenreduzierung z.B. durch vorherige Zerkleinerung anzustreben. Folgende Materialien eignen sich für eine Vorzerkleinerung:

- Kunststoffgemische,
- Materialien aus Holz,
- Verpackungsmaterialien und
- Reststoffgemische.

Zur Volumenreduzierung finden außer Zerkleinerungstechniken zum Teil auch Preßcontainer Verwendung.

Lagerungsbedingungen

Grundsätzlich ist jede Lagerung so durchzuführen, daß Umweltschäden verhindert werden. Alle Fraktionen, die abwaschbare und lösbare Stoffe enthalten, sind trocken und in abgedeckten Behältnissen zu lagern. Das Demontagepersonal muß durch eigene Beurteilung der zerlegten Fraktionen erkennen, welche Art der Lagerung erforderlich ist. Nach dem Zerlegeprozeß entstehen im wesentlichen folgende Stoffraktionen:

- Eisen,
- Kupfer/Eisenverbunde,
- Aluminium, Aluminiumguß und Aluminiumblech mit bzw. ohne Eisenanhaftungen,
- Kupferkunststoffverbunde,
- Kunststoffe in sortenreiner und gemischter Form,
- Platinen,
- Holz,
- Schadstoffe und
- sonstige Materialien.

Zu einer lückenlosen Dokumentation des Materialflusses im Betrieb und des Versandes gehört die Erstellung von aussagefähigen Lieferscheinen.

Für bestimmte Stoffe müssen festgelegte, abfallrechtliche Überwachungskriterien als Bestandteil der Nachweisführung berücksichtigt werden. Der Demontagebetrieb muß deshalb für Materialausgänge ein lückenloses Ausgangsbuch führen. Dadurch kann ein exakter Nachweis von Kunden, Mengen und Sorten erfolgen.

4.3 Funktionelle Wiederverwendungsmöglichkeiten von Geräten, Baugruppen und Bauelementen im Demontagebetrieb

Der Begriff der Wiederverwendung ordnet sich in dem Oberbegriff des Recycling ein. Vor einigen Jahren definierte man noch das Recycling ausschließlich als Rückfluß von Rohstoffen aus Altprodukten und Abfällen in den Wirtschaftskreislauf.

Bezogen auf den zeitlichen Ablauf des Lebenszyklus' industriell gefertigter Produkte kann man folgende Kreislaufsysteme unterscheiden:

- Wiederverwertung von elektronischem Neuschrott aus der Produktion,
- Wiederverwendung von Gebrauchsgütern,
- Wiederverwertung von elektronischem Altschrott.

Die wichtigste Art des Recyclings ist natürlich die stoffliche Verwertung von elektronischen Neu- und Altschrott. Im vorhergehenden Kapitel dieses Buches wurden verschiedene Verfahren für die Rückgewinnung der Rohstoffe erläutert. Im Gegensatz zu diesen Recyclingtechniken verstehen wir unter Produktrecycling eine Rücknahme, Instandsetzung bzw. Zusammenbau sowie den Vertrieb von kompletten Geräten. Vor allem bei großen und hochwertigen Investitionsgütern kann das Produktrecycling gegenüber dem stofflichen Recycling eine sinnvolle Alternative darstellen.

Beibehaltung der Produkteigenschaft

Die als Recycling definierte Wiederverwendung von Gütern setzt dabei eine weitgehende Beibehaltung der Produkteigenschaften voraus. Nach diesem Kriterium kann eine Wiederverwendung oder Weiterverwendung für denselben Zweck erfolgen.

Wenn also ein Produkt nach Beibehaltung seiner Produkteigenschaft durch spezielle Bearbeitung wieder für den ursprünglichen Verwendungszweck zum Einsatz kommt, spricht man von Wiederverwendung.

Betrachten wir die Verwertungshierarchie, so erkennt man, daß die stoffliche Verwertung nicht in jedem Fall die einzige Form des Recyclings darstellt. Besonders deutlich wird das, wenn berücksichtigt wird, daß für viele Produkte zum Teil ein erheblicher Montageaufwand oder eine hohe Wertschöpfung geleistet wurde, die möglichst zu nutzen sind.

Im Bereich der Elektronikindustrie ist eine kontinuierliche Verkürzung der Produktlebenszyklen zu beobachten. Dadurch steigt natürlich das Elektronikschrottaufkommen. Einige Geräte vor allem im Bereich der Datenverarbeitung sind kaum länger als 3 - 5 Jahre im Einsatz und deshalb funktionstüchtig. Man kann die Wiederverwendung von Altgeräten nach 3 Gesichtspunkten klassifizieren:

Arten der Wiederverwendung

- Die Reparatur und Instandsetzung kompletter Altgeräte für den ursprünglichen Zweck,
- Der Umbau und die Verwendung ausgewählter Baugruppen für gleiche und andere Zwecke,
- Der Einsatz funktionsfähiger Bauelemente für gleiche und unterschiedliche Zwecke.

Wenn eine Wiederverwendung des kompletten Altgerätes nicht möglich ist, kann in der nächsten Stufe eine Wiederverwendung von Komponenten bzw. Baugruppen geprüft werden. Erst nachdem diese Möglichkeit ausgeschlossen ist, kann eine Wiederverwendung einzelner Bauteile in vielen Fällen sinnvoll sein. Vor allem auf dem Gebiet der EDV findet man immer häufiger Produkte mit ähnlichem modularen Aufbau, die qualitativ hochwertige Bauteile bzw. Komponenten enthalten.

Eine ähnliche Charakteristik ist im inneren Aufbau von Speicher- oder Prozessorplatinen nachweisbar. Unterschiede sind in der Regel in der Leistungsfähigkeit der Komponenten begründet. Die Prozessoren und Peripheriebausteine sind in der Regel produkt- und herstellerspezifisch kassifizierbar.

Demgegenüber sind jedoch viele Speicherbausteine völlig unabhängig von Prozessorenherstellern und damit vom jeweiligen Gerätetyp universell einsetzbar. Die universelle Verwendbarkeit von

Mikroprozessoren sowie die relativ hohe Lebensdauer qualifizieren diese Bauelemente für eine Wiederverwendung.

Bei einer relativ kurzen Nutzungsdauer der Geräte und der in diesen Geräten verwendeten Speicherbausteine, die eine sehr hohe Lebenserwartung besitzen, ist eine Zurückgewinnung und ein Wiedereinsatz dieser hochwertigen Teile denkbar. Der erforderliche Demontageaufwand für die Aufbereitung unterscheidet sich dabei wesentlich von den Zerlegetechniken der wert- und schadstoffhaltigen Fraktionierungen.

Um die Wiederverwendung ausgewählter Bauelemente durchzuführen, sind besondere Demontagetechniken anzuwende. Je nach Bauteilbestückung müssen verschiedene Gruppen von Leiterplatten zusammengefaßt werden.

Entnahme elektronischer Bausteine

In einem ersten Arbeitsschritt entnimmt man die wiederverwendbaren Bausteine, die auf Sockeln gesteckt sind, und erfaßt sie nach Bauteiltyp, Hersteller und Einsatzzweck. Nach den Anforderungen des Datenschutzes müssen Eproms nach ihrer Entnahme mit UV-Licht behandelt werden, um die darin gespeicherten Daten zu löschen.

Ein nächster Arbeitsschritt ist das Entlöten bestimmter Bauteile aus Leiterplatten. An einer Entlötstation kann man sowohl konventionelle gesteckte Bauteile als auch in Oberflächenmontage gelötete (SMD) zurückgewinnen. Die entlöteten Bauelemente müssen an ihren Anschlußstellen gerichtet und neu verzinnt werden. Nach entsprechender Reinigung erfolgt die Sortierung.

Auch bei dieser Aufbereitungsmethode bilden die Demontagekosten den größten Kostenfaktor. Die Aufbereitung der Bauelemente erfordert zum Teil erhebliche manuelle Arbeit.

Natürlich sind Bauelemente ebenso wie Komplettgeräte oder Baugruppen nicht uneingeschränkt wieder einsetzbar. Da die zurückgewonnenen Bauteile den vergangenen Stand der Technik darstellen, kann lediglich eine zeitlich verzögerte Einsatzmöglichkeit der Gebrauchselektonik vorgenommen werden.

Das Gebiet der Wiederverwendung findet zur Zeit im Rahmen des Recyclings nur wenig Beachtung. Die ökologischen Vorteile für Mensch und Umwelt liegen vor allem

- im weitgehenden Erhalt der erreichten Wertschöpfung,
- in der Reduzierung von Abfallmengen und
- in der Schonung von Energie- und Rohstoffressourcen.

höhere Wirtschaftlichkeit durch Wiederverwendung

Damit steht die Wiederverwendung in der Verwertungshierarchie nach dem Konzept der Kreislaufwirtschaft an höchster Stelle.

Die Vermarktung wiederverwendungsfähiger Bauelemente, Baugruppen und Geräte kann zur erhöhten Wirtschaftlichkeit des Recyclingsunternehmen beitragen. Der sich zur Zeit entwickelnde Markt für gebrauchte Teile ermöglicht eine höhere Wertschöpfung gegenüber dem stofflichen Recycling. Im einzelnen ist jedoch darauf hinzuweisen, daß im Hinblick auf die Produkthaftung lediglich geprüfte und funktionsfähige Geräte oder Bauteile verkauft werden.

Natürlich kann die Wiederverwendung nicht in endloser Weise praktiziert werden. Die funktionelle Belastung wiederverwendeter Geräte, Baugruppen und Bauteile ist natürlich begrenzt. Aber unabhängig von Funktionstüchtigkeit begrenzt auch häufig die bessere Kostenposition der modernen Geräte die Weiterverwendung der älteren. Nach dem verlängerten Lebenszyklus des Gerätes muß letztlich eine werkstoffliche Wiederverwertung stattfinden.

5 Die wiederverwertungsgerechte Entwicklung und Konstruktion von Elektro- und Elektronikgeräten

entsorgungs-gerechete Geräte-konstruktion

Die Einführung der geplanten Elektronikschrottverordnung verpflichtet die Hersteller zu einer erweiterten Produktverantwortung. Aus den vorhandenen ökologischen und wirtschaftlichen Bedingungen ergeben sich unmittelbare Anforderungen an eine entsorgungsgerechte Konstruktion. Wegen der Kosten während der Lebensdauer der Geräte sind folgende Forderungen an eine entsorgungsgerechte Konstruktion zu beachten:

- Verminderung der eingesetzten Schadstoffe,
- Verminderung der Materialvielfalt,
- demontagefreundliche Gestaltung der Geräte,
- Reduzlerung von Verpackungsmaterial,
- Verwendung geringerer Verbundwerkstoffanteile,
- Einsatz aufschlußfähiger Materialkombinationen,
- Erhöhung der Lebensdauer und Verbesserung der Servicefreundlichkeit,
- mehrfacher Einsatz von Komponenten und Bausteinen,
- Verbesserung der Wiederverwendungsmöglichkeiten und
- Verringerung des Energieverbrauches während der Lebensdauer

Natürlich können diese Forderungskriterien nur schrittweise realisiert werden.

Die rapide ansteigenden Entsorgungskosten unterstreichen, daß die Elektro- und Elektronikhersteller auch aus Kostengründen gezwungen sind, Maßnahmen zur Verbesserung der Verwertbarkeit ihrer Erzeugnisse kurzfristig durchzusetzen.

Die Herstellung elektrischer und elektronischer Geräte erfordert darüberhinaus auch einen umfassenden Umweltschutz in der Produktionskette. Hierbei werden Umweltschutzgesichtspunkte während und nach dem Gebrauch mit denjenigen der Fertigung verbunden.

Umweltverträglichkeitsmerkmale

Die Umweltverträglichkeit entwickelt sich auch zum Verkaufsargument im Vertrieb, da Folgekosten nachvollziehbar gemieden oder vermindert werden. Dieser Umweltschutz berücksichtigt die Umweltverträglichkeit der Produkte bereits bei der Produktplanung und Produktgestaltung. Die Umweltverträglichkeit bis zum Ende des Lebenszyklus' der Produkte umfaßt dementsprechend Merkmale wie:

- Wiederverwendbarkeit,
- Produktverwertung,
- geringer Energiebedarf und
- umweltverträgliche Entsorgung.

Die Entwicklung der Produktgestaltung geht in immer stärkerem Maße davon aus, daß Deponieraum und Müllverbrennungskapazitäten sich zukünftig zu Engpässen entwickeln, auch deshalb, weil ein politischer Wille teilweise die Engpaßbildung fördert.

Da sich die Entsorgungskosten unterstützt durch die Umweltgesetzgebung immer stärker zu einem Unternehmensaufwand entwickeln, kommt der Rückgewinnung von Wertstoffen auch in wirtschaftlicher Hinsicht eine wichtige Aufgabe zu.

Die bei der Verwertung erforderlichen Aufwendungen bestätigen eine abnehmende Zahl kritischer Stoffe wegen besserer Erkenntnisse.

Bezogen auf die Komponenten der Geräte müssen folgende Aufgaben und Ziele im Vordergrund stehen:

- Vereinfachung des konstruktiven Aufbaues und dadurch Verringerung des Demontageaufwandes, Verwendung einfacher und leicht zugänglicher Befestigungselemente, übersichtliche Gestaltung der Funktionsgruppen und anderes,

- Verwendung von leicht verwertbaren Werkstoffen, Verringerung der Sortenvielfalt und des Materialeinsatzes,

- Eischränkung des Einsatzes von Schadstoffen,

- eindeutige Kennzeichnung der verwendeten Werkstoffe,

- Erhöhung der Langlebigkeit der Produkte, vor allem durch Verbesserung der Wieder- bzw. Weiterverwendungsmöglichkeiten.

Die Entwicklung und Konstruktion wiederverwertbarer Produkte muß dementsprechend durch diese Konstruktionsziele vorgegeben werden.

Bereits in der Phase der Produktplanung und Produktdefinition sind wichtige Anforderungen hinsichtlich der Umweltkosten zu berücksichtigen. In dieser Entwicklungsphase werden Marktanalysen erstellt und Kundenzielgruppen festgelegt. Es erfolgt eine Quantifizierung der Bedarfsentwicklung, man entwickelt technische Konzepte, die auch von der Umweltverträglichkeit bestimmt werden.

Sinnvoll ist die Festlegung konkreter technischen Produktleistungsmerkmale in Form eines Lastenheftes.

Umweltverträglichkeit im Pflichtenheft

Während der Produktplanungsphase entsteht neben den wirtschaftlichen Zielsetzungen die technische Produktkonzeption (Pflichtenheft). Diese Planung muß sich an folgenden Schwerpunkten der Markterfordernisse und der Umweltverträglichkeit orientieren:

- Anforderungen der Kunden an die Gebrauchseigenschaften,

- Intensität des Wettbewerbes,

- Umweltverträglichkeitsprüfung auch zur Sicherung von Wettbewerbsvorteilen,

- Einbeziehung von Vorgaben über Langlebigkeit der Produkte,

- Verbrauch von Energie und Wasser sowie

- Verbesserung der Verwertungsfähigkeit bei Verringerung der Entsorgungskosten.

In der Phase des Produktentwurfes und der Entwicklungsdurchführung werden entscheidende Aufgaben für die Produktgestaltung in qualitativer und quanitativer Hinsicht vorgegeben. In dieser Entwicklungsphase besteht die Möglichkeit, das technische Konzept hinsichtlich der Umweltkosten zu überprüfen.

Bewertung von Funktionsmustern

Zur Sicherung der Gebrauchsfähigkeiten werden Belastungen und spezielle Beanspruchungen simuliert. In dieser Entwicklungsphase entstehen dann spezielle Konstruktionsmuster. Auf der Grundlage der Erkenntnisse und Erfahrungen beim Aufbau und dem Test der Funktionsmuster erstellt man die ersten Prototypen.

In dieser Entwicklungsphase kann man die Umweltverträglichkeit der vorgesehenen Produkte entscheidend beeinflußen. Folgende Schwerpunkte sind hierbei zu berücksichtigen:

- Beachtung von Vorgaben und Richtlinien der Materialauswahl,

- Vermeidung von Gefahrstoffen, die nachteilige Verwertungseigenschaften besitzen,

- eindeutige Kennzeichnung der verwendeten schadstoffhaltigen Teile,

- einfacher und übersichtlicher konstruktiver Aufbau im Interesse einer einfachen Demontierbarkeit und

- verwertungsfreundliche Produktgestaltung unter Beachtung verfahrenstechnischer Anforderungen der Wertstofftrennung

5.1 Hinweise für einen demontagegerechten Aufbau der Produkte

Ein demontagegerechter Aufbau der Geräte muß sich in erster Linie an den zukünftigen Entsorgungstechniken orientieren. Deshalb ist eine kontinuierliche Zusammenarbeit zwischen Entwicklung, Konstruktion und kompetenten Entsorgungsfachleuten sicherzustellen.

Die in den Konstruktionselementen enthaltenen umweltgefährdenden Stoffe sollten unter Beachtung der Umweltgesetzgebung vor der Demontage erfaßt und entsorgt werden können, dabei sollte die Konstruktion eine einfache und gefahrlose Separation gewährleisten.

Schadstoffentfrachtung und Wertstoffseparation

Werden schadstoffhaltige Bauteile im Gerät verwendet, ist auf lösbare Verbindungen und leichte Zugänglichkeit für Demontagewerkzeuge zu achten, so daß bei der Zerlegung keine Schadstoffe freigesetzt werden. Der Demontageprozeß kann sich dann in erster Linie auf ein Wiederverwerten der Werkstoffe konzentrieren.

Baugruppen oder Bauteile, die einer Wiederverwendung bzw. Weiterverwendung zugeführt werden können, dürfen bei der Entnahme keine Beschädigungen aufweisen. Es ist deshalb auch hier auf lösbare Verbindungen, einfache Befestigungselemente sowie gute Zugänglichkeit der Demontagewerkzeuge zu achten.

Sonstige Geräte bzw. Baugruppen die im Rahmen des Elektronikschrottrecyclings verfahrenstechnisch aufzubereiten sind, müssen in ihrer Demontierbarkeit die jeweiligen Techniken zur Wertstofftrennung begünstigen.

5.2 Anforderungen an eine verwertungsfähige Erzeugnisgestaltung

Reduzierung des Materialeinsatzes

Die Erzeugnisgestaltung unter dem Aspekt der Wiederverwertung berücksichtigt vor allem eine Reduzierung der Materialvielfalt. Im Mittelpunkt muß hierbei der Grundsatz bestimmend sein, daß zur Erfüllung der vorgegebenen Funktionalität soviel Material wie nötig und so wenig wie möglich zum Einsatz kommt.

Im ähnlicher Weise ist auf eine Verträglichkeit verschiedener Stoffe unter Berücksichtigung der Verwertung zu achten. In einigen Fällen kann z.B. ein geringer Anteil von Fremdstoffen eine wirkungsvolle Wiederverwertung verhindern.

Zum Einsatz recyclinggerechter Werkstoffe gehört unbedingt auch die Vermeidung von Problemstoffen. Werden jedoch schadstoffhaltige Bauteile bzw. Bauelemente eingesetzt, muß eine eindeutige Kennzeichnung vorhanden sein.

Reduzierung des Materialeinsatzes

Die Demontageabläufe zur Gewinnung der stofflichen Fraktionen sind zu vereinfachen. Durch eine intensivere Zusammenarbeit zwischen Hersteller und Wiederverwerter können wertvolle Sekundärrohstoffe unter Berücksichtigung qualitativer Eigenschaften, bei geringen Kosten und minimalen Umweltbelastungen dem Wirtschaftskreislauf zugeführt werden.

Die Entwicklung moderner Produktgenerationen erfordert nicht nur eine Montage- bzw. Demontagefreundlichkeit, sondern im gleichen Maße eine vollständige Recyclingfähigkeit der Materialien unter Berücksichtigung der Verwertungsverfahren zu bestimmten Kosten. Die besondere Verantwortung der Konstrukteure muß in erster Linie auf Methoden und Hilfsmittel abzielen, die eine optimale und langfristige Verwertungsfähigkeit der Produkte sichern.

Schwerpunkte für die Erzeugnisgestaltung

Die folgende genauere Betrachtungsweise der zusammengefaßten Gerätebestandteile ermöglicht eine gezielte Aussage für die verwertungsgerechte Erzeugnisgestaltung.

- Gehäuse, Bauelementeträger und Befestigungselemente bestehen vor allem aus Chassis, Blenden, Gestelle, Abdeckungen, Rückwände, Verkleidungen und ähnlichem. Der bei diesen Teilen erforderliche Demontageaufwand ist relativ hoch. Es gibt Materialien wie z. B. Metall, Kunststoff, Glas mit unterschiedlichen Fremdmaterialanhaftungen. Einige Materialien wie z. B. Kunststoffe lassen sich dabei aufgrund fehlender Kennzeichnungen nicht exakt zuordnen. Bei diesen Geräteteilen wäre es also sinnvoll, ausgewählte Verbindungstechniken demontagegerecht zu standardisieren. Der stoffliche Einsatz sollte auf eine Verminderung von Metall/Nichtmetallverbunden gerichtet sein. Die Verwendung von Farbstoffen, Reinigern, Kleber, Gummi usw. ist soweit als möglich zu begrenzen.

- Für die Gerätebestandteile Litzen, Kabel und Kabelbäume existiert eine sehr hohe Typenvielfalt. Für diese Elemente verwendet man die Werkstoffe PVC, Thermoplaste, Duroplaste, Elastomere, sowie Kupfer, Aluminium, Stahl, Messing, Gold und anderes. Für die Separation dieser unterschiedlichen Stoffe ist zum Teil ein hoher verfahrenstechnischer Aufwand notwendig. Die Recyclingfreundlichkeit würde sich wesentlich verbessern, wenn eine Reduzierung der Typenvielfalt erfolgt, der Materialeinsatz normiert würden, eine Substitution z.B. von PVC durch PE oder PP erfolgen könnte sowie eine verbesserte Kennzeichnung für bestimmte Stoffe vorhanden wären. Die verwendeten Kabel sollten im Gerät gut sichtbar und leicht demontierbar angeordnet sein.

- Wichtige Einzelbestandteile der Geräte sind Flachbaugruppen, die aus Bauelementen, Steckerleisten, Leiterplattenmaterial und Metallen bestehen. Auf den Platinen sind häufig zahlreiche elektrische Bauelemente angebracht, die zum Teil Schadstoffe, elektrische Verbindungen sowie zahlreiche Kleinteile enthalten. Die Verwertung dieser Gerätebestandteile kann wesentlich verbessert werden, wenn

    1. zunächst eine Einschränkung der Typenvielfalt vorgenommen wird,

2. Bauteile eindeutig gekennzeichnet werden,

3. hallogenfreie Flammschutzmittel verwendet werden,

4. Materialverbunde minimiert werden,

5. die Materialkennzeichnung verbessert wird,

6. die Demontagemöglichkeiten bzw. das Auswechseln von Bauteilen vereinfacht wird und

7. der Einsatz organischer Werkstoffe veringert wird.

- Elektromechanische Komponenten verwendet man in der Elektronik als Verkleidungen aus Metall und Kunststoff, Wellen und Achselemente, Zahnräder aus Metall und Kunststoff, Lager, elektrische Antriebe, Edelstahlteile als Rotationselemente und andere. Die Probleme dieser Stoffgruppe liegen vor allem in der großen Bauteilvielfalt, der zum Teil fehlenden Kennzeichnung schadstoffhaltiger Bauteile, vorhandener Materialunverträglichkeiten und anderes. Verbesserungen können erreicht werden durch eine eindeutige Kennzeichnung schadstoffhaltiger Bauteile. Für schadstoffbelastete Werkstoffe ist es wichtig, daß eine leichte Erkennbarkeit, vereinfachte Ausbaumöglichkeit und eine servicefreundliche Anordnung vorhanden sind.

- Die Gerätegruppe Spulen und Wicklungskomponenten bestehen aus Drähten, Kabeln, Klemmen, Steckern, Blechen, Schrauben und anderem. Bei dieser Gruppe sind zahlreiche unlösbare Verbindungen zu beachten. Neben organischen Werkstoffen wie PVC und Duroplasten sind metallische Wertstoffe als Kupfer, Eisen und andere anzutreffen. Eine recyclingfreundliche Produktgestaltung dieser Bauteile erfordert neben einer Reduzierung der Typenvielfalt den Einsatz von bleiarmer Verbindungen, die Verwendung von verwertungsfreundlichen Messingschrauben sowie einen demontagegerechten Aufbau.

Im Rahmen des Elektronikschrottrecyclings entwickeln sich grundlegend neue Anforderungen für die Entwicklung und Konstruktion der Rechentechnik insbesondere deshalb, weil in den letzten Jahren sich die durchschnittliche Nutzungsdauer der EDV-Technik verkürzte. Dabei erfordert eine verwertungsgerechte Konstruktion dieser Geräte umfangreiche Änderungen im Aufbau

Reduzierung des Materialeinsatzes

Eine modulare Einteilung in den Geräten sollte dabei so konzipiert werden, daß eine Anpassung an neue Prozessorgenerationen sowie Speichererweiterungen durchführbar sind. Man kann Funktionserweiterungen durch reservierte Steckplätze für Verbindungselemente schaffen. Wenn auswechselbare Laufwerke vorhanden sind, könnte man sogar den Rechner dem sich entwickelnden Stand der Technik anpassen.

Die mechanischen Verbindungselemente sollten auf einfache Demontierbarkeit mit Standardwerkzeugen abzielen. Es sollten ferner möglichst viele wiederverwendungsfähige Teile und Baugruppen zum Einsatz kommen.

Eine verbesserte Servicefreundlichkeit und verlängerte Lebensdauer sind ebenso wichtig wie die Beschränkung der Materialvielfalt und die Vermeidung nicht recycelbarer Kunststoffe. In den Geräten sollten keine dioxin- oder furanbildenden Flammschutzmittel verwendet werden. Anstelle von Kunststoffen z.B. für Gehäuseelemente sind vielfach Metalle einsetzbar. Die eingesetzten Kunststoffteile müssen gekennzeichnet sein, um sie wiederverwerten zu können.

Viele Hersteller von EDV-Technik streben eine weitere Miniaturisierung der Geräte und Bauteile an, so daß weniger Material eingesetzt werden muß. Die Miniaturisierung erfordert jedoch beim Recycling zunehmend chemische Fertigungsverfahren. Dadurch entstehen wiederum Stoffe, die die Umwelt belasten können. Unter Berücksichtigung dieser Probleme muß eine Abwägung der Herstell- mit den Verwertungskosten erfolgen, um zu einer Kostenverringerung zu kommen.

6 Die Entwicklung der Wirtschaftlichkeit im Elektronikschrottrecycling

Die Wiederverwertung von Elektronikschrott nach Umweltgesichtspunkten kann nur im wirtschaftlichen Rahmen erfolgen. Einige Recyclingunternehmen haben deshalb bereits vor längerer Zeit mit der attraktiveren Aufbereitung und Verwertung von Haushaltgroßgeräten, NE-metallhaltigen Produkten sowie Computerschrotten begonnen.

Entwicklung des Geschäftsfeldes

Mit der Veröffentlichung des 1. Entwurfes über die Elektronikschrottverordnung wurde das Geschäftsfeld erheblich erweitert. In diesem Gesetzesentwurf ist die Verpflichtung für das Recycling aller elektrisch und elektronisch betriebenen Geräte und Bauteile enthalten. Angeregt durch diesen 1.Entwurf einer Elektronikschrottverordnung (ESVO) entstanden Verwertungslösungen für praktisch alle Geräte der Elektrotechnik und Elektronik.

So hat sich bereits im Vorgriff auf die kommende Verordnung die Elektronikschrottverwertung zu einem umfassenden Geschäftsfeld entwickelt.

6.1 Die Gestaltung stabiler Kundenbeziehungen

Kundengruppen

Wichtiges Kriterium für die Entwicklung einer ausreichenden Wirtschaftlichkeit ist der kontinuierliche Materialzufluß und damit eine starke Kundenbindung. Um richtige Entscheidungen auf diesem Gebiet treffen zu können, müssen genaue Analysen über das Aufkommen nach Kundengruppen durchgeführt werden:

1. Kunden aus dem kommunalen Bereich,
2. Gewerbliche Kunden,
3. Kunden aus dem Bereich der Elektro- und Elektronikindustrie sowie
4. Sammler und Entsorger, die im Auftrag der vorher genannten Kunden ihre Dienste als Logistikunternehmen und Sammelstellen ausüben.

wettbewerbsfähige Angebote

Voraussetzung für die Sicherung stabiler Kundenbeziehungen ist die Erarbeitung wettbewerbsfähiger und akzeptabler Angebote. Grundlage dafür ist eine genaue Kenntnis der Marktsituation im Einzugsgebiet. Auf dieser Basis können aktuelle Preise vorgegeben werden, die einerseits maximale Erfolgsaussicht haben und andererseits dem Unternehmen eine gute Wirtschaftlichkeit ermöglichen.

Viele Kunden erwarten als Bestandteil einer Preisbegründung im Angebot Informationen über die Qualität der Verwertungsleistungen sowie andere Aktivitäten, die sich am Umweltbewußtsein orientieren.

Der Kunde sollte bereits bei der Übergabe eines sorgfältig erarbeiteten Angebotes erkennen, daß seine individuellen Interessen durch das Verwertungsunternehmen berücksichtigt werden. Die Kundenakzeptanz bestätigt sich in der Regel durch eine erstmalige Materiallieferung. Die dadurch entstandene neue Kundenbeziehung muß danach kontinuierlich gepflegt werden.

Da zum gegenwärtigen Zeitpunkt wegen der fehlenden Elektronikschrottverordnung für den Kunden keine Verpflichtung zum Elektronikschrottrecycling besteht, sollte man spezielle Einstiegswege für die Entwicklung der Kundenbeziehungen vorschlagen.

Pilotversuche

Eine Möglichkeit, den Kunden von der Qualität der Recyclingleistungen zu überzeugen, ist die Durchführung von Pilotversuchen mit gesonderten Kriterien und Auswertungen in begrenzten Stückzahlen unter Berücksichtigung eines vorher festgelegten Zeitraumes. Diese Pilotversuche ermöglichen es, eine kundenbezogene Beurteilung der Zusammenarbeit vorzunehmen, eigene Erkenntnisse bzw. Hinweise, Vorschläge und Interessen festzulegen, die für eine kontinuierliche Zusammenarbeit von Bedeutung sind. Eine Auswertung der Ergebnisse sollte danach Schlußfolgerungen für eine höhere Form der Zusammenarbeit durchsetzen helfen.

Rahmenvertrag

Zur Gestaltung stabiler Kundenbeziehungen gehört ein Rahmenvertrag über die Durchführung kontinuierlicher Geschäftsbeziehungen in einem festgelegten Zeitraum zu entsprechenden Preisen.

Sicherlich wird der Kunde eine Beziehung auf dieser Grundlage erst dann eingehen, wenn er überzeugt ist, daß sowohl Preise als auch Qualität der Recyclingleistungen im Rahmen des Vertrages seinen Interessen entsprechen. Dieses Verhältnis bildet sich längerfristig heraus, wenn dem Kunden eine ausreichende Zeit für entsprechende Vergleiche im Einzugsgebiet eingeräumt worden ist.

Da in einem sorgfältig erarbeiteten Angebot die Marktsituation weitgehend Berücksichtigung fand, ist damit zu rechenen, daß der Kunde im Ergebnis seiner Recherchen sich zustimmend äußert. Bei einigen Kunden, vor allem im gewerblichen und kommunalen Bereich, zeigt es sich, daß die Berücksichtigung sozialer Komponenten im Rahmen des Elektrorecyclings von Interesse ist. Solche Kriterien wie die Besetzung von Arbeitsplätzen durch sozial besonders förderungswürdiges Personal oder die Einbeziehung von besonderen Personengruppen z.B. aus Werkstätten für Lebenshilfe und ähnliches zeigen, daß der Umweltschutz auch mit sozialen Fragen konfrontiert wird.

Kundenbetreuung

Die Betreuung der Kunden ist eine zeitaufwendige und mit organisationstechnischen Problemen behaftete Arbeit. Aus diesem Grund sollte man eine rechnergestützte Kundendatei einführen, die eine Arbeitsvereinfachung ermöglicht. Eine rechnergestützte Datenbank für die Kundenverwaltung sollte sowohl Stammdaten als auch variable Informationen erfassen. Die in der Datenbank verwaltete Kundenstammdatei kann folgende Informationen enthalten:

- Firmennummer,
- Angebotsnummer,
- Ansprechpartner,
- Adresse sowie
- Telefon und Telefax.

Wichtige variable Informationen in der Datenbank sind z.B.

- Informationen über Erstkontakt,
- Kundenklassifizierung nach der Umsatzhöhe,
- Informationen über die letzte Lieferung,
- Preisentwicklung,
- spezielle Hinweise für die Entwicklung einer differenzierten Kundenbeziehung.

Kundendatei

Unter Berücksichtigung dieser Kriterien kann die EDV-gestützte Kundendatei entsprechend vorgegebener Kriterien selektiert, geordnet oder abgefragt werden. Die in der Datenbank verwalteten kundenbezogenen Informationen gestatten es, eine erforderliche Handlungsweise für die Festigung der Kundenbeziehung abzuleiten.

Die Erfahrungen haben bestätigt, daß die Umsatzsatzgröße ein entscheidender Gradmesser für die Intensität der Kundenbetreuung darstellt.

In der Regel ist es so, daß ca. 15 - 20 % der Kunden etwa 80 % der Einnahmen sichern. Der restliche Anteil sind kleinere Kunden, die jedoch in ihrer zukünftigen Bedeutung nicht zu unterschätzen sind. Vor allem dann nicht, wenn die Möglichkeit besteht, daß durch intensivere Kundenbeziehungen in der Zukunft ein erheblich größeres Aufkommen zu erwarten ist.

Der persönliche Kontakt mit den wichtigeren Kunden ist von entscheidender Bedeutung für den Erhalt der Geschäftsbeziehungen und die Entwicklung der Wirtschaftlichkeit im Verwertungsunternehmen. Für die Entwicklung erfolgreicher und dauerhafter Kundenbeziehungen ist es vorteilhaft, die unterschiedlichen Kundeninteressen in akzeptabler Weise zu berücksichtigen. Da die Wettbewerbssituation sich in entsprechenden Zeiträumen schnell ändern kann, ist es wichtig, ein Verhalten zu entwickeln, das es ermöglicht, die erwartenden Veränderungen möglichst schnell in der Kundenbetreuung zu berücksichtigen.

Eine erfolgreiche Bearbeitung der Gebietskörperschaften sollte in jedem Fall die ortsansässigen Entsorger berücksichtigen. Diese Unternehmen verfügen über umfangreiche Erfahrungen sowie Erkenntisse für die Durchführung von Sammlungen, Transport und Logistikarbeit. Sammlung und Logistik können von Demontage und Aufbereitung sauber getrennt werden, so daß entsorgungspflichtige Gebietskörperschaften diese verschiedenen Aufgaben auch unterschiedlichen Unternehmen übertragen.

6.2 Kooperation zwischen Mittelstand und Industrie in der Elektronikschrottverwertung

Natürlich bestehen, ähnlich wie auf anderen Gebieten der Entsorgung zum Teil erhebliche Unsicherheiten hinsichtlich der Wirtschaftlichkeit. Man muß aber einschätzen, daß bei einem zu erwartenden gegenwärtigen Aufkommen von ca. 1,5 Mio. Tonnen Elektronikschrott eine ausreichende Marktgröße vorhanden ist, um Verwertungsunternehmen gute Entwicklungsmöglichkeiten einzuräumen.

Zur Zeit versuchen Großunternehmen, häufig aus fremden Branchen, eine sogenannte flächendeckende Entsorgung für Elektronikschrott im Markte anzubieten. Nach unserer Beurteilung werden diese unrealistischen Angebote keinen Erfolg haben.

Vorteil des Mittelstandes

Weder kann ein Großunternehmen wegen der immensen Kosten eine eigene flächendeckende Erfassungsorganisation aufbauen, noch wird sich ein derartiges Unternehmen gegen ein mittelständisches, ortskundiges und marktnahes Erfassungsunternehmen durchsetzen können.

Stärke der Industrie

Gleichzeitig verfügen die Mittelstandsunternehmen zwar über eine schlagkräftige Erfassungslogistik, eine Marktnähe und Demontagekapazitäten, aber sie haben im Regelfall weder das ausreichende Elektronikschrottaufkommen, die notwendige Entwicklungskapazität noch die enormen Investitionsmittel, um die komplizierte Aufbereitungstechnik wirtschaftlich installieren zu können.

Auf dem Markt für das Elektronikschrottrecycling bietet sich folglich eine sinnvolle Arbeitsteilung zwischen dem mittelständischen Erfasser sowie dem Demontagebetrieb und dem industriellen Aufbereiter an. Da die Rollenverteilung der beiden Beteiligten eindeutig ist, kann eine derartige Kooperation zwischen Mittelstand und Industrie aus unserer Sicht zu beidseitigem Nutzen in einfacher Weise auch vertragsrechtlich geregelt werden.

Dabei besorgt der mittelständische Recycler die dezentrale Erfassung und Demontage, während die industriellen Aufbereiter die rationelle Zerlegetiefe in Abhängigkeit von der Aufbereitung festlegen und eine wirtschaftliche Trenntechnik einbringen.

Bei einer derartigen Kooperation wird dem mittelständischen Demontagebetrieb auch ein Gebietsschutz eingeräumt werden müssen, während gleichzeitig der Mittelständler sich verpflichtet, den industriellen Aufbereiter mit seinem Elektronikschrott zu marktgerechten Konditionen zu versorgen.

Diese gegenseitige Abhängigkeit erscheint uns so eindeutig, daß beim Elektronikschrottrecycling ein mittelstandsfreundliches Konzept durch eine Arbeitsteilung zwischen Industrie und dem Mittelstand sehr erfolgsversprechend erscheint.

Entwicklungstendenzen

Unabhängig von dieser Arbeitsteilung müssen Demontage- und Aufbereitungsbetriebe eine Reihe von Unsicherheiten berücksichtigen. Dazu gehören vor allem

- erhebliche Preisschwankungen der Metallmärkte,
- unklare Entwicklung der Entsorgungspreise,
- verstärkter Wettbewerb von Branchenfremden und
- Unsicherheiten der Entscheidungsträger in Kommunen, Handel und Industrie wegen noch unklarer Rechtslage.

Die Durchführung von Investitionen für Verwertungs- und Aufbereitungstechniken erfordert deshalb eine hohe Risikobereitschaft des Investors.

Da die Verwertung von Elektronikschrott die Funktionen

- Logistik, Vorsortierung,
- Demontage, Schadstoffentfrachtung, Fraktionierung,
- stoffliche Aufbereitung, Separation, Wertstofftrennung,
- Verwertung und
- Entsorgung

umfassen, kann durch eine Spezialisierung in dem genannten Sinne eine Risikobegrenzung auch der Investitionen erreicht werden.

6.2.1 Logistikkonzeption

Die Leistungen der Logistik umfassen sämtliche Aufwendungen der Sammlung der Geräte, des Transportes bis zur Grobsortierung und der Übergabe des Materials an die Demontage. Außerdem gehören Transportleistungen der Materialausgänge für die folgenden Bearbeitungsstufen von Aufbereitung, Verwertung und Entsorgung zur Logistik.

Zusammenarbeit mit Logistikpartnern

Eine rationelle Logistik ist durch die Zusammenarbeit mit kompetenten Logistikpartnern und ortsansässigen Entsorgern leicht einzurichten. Man kann hierbei unter Berücksichtigung von Tourenplänen, maßgeschneiderte Lösungen mit niedrigen Kosten sicherstellen. Dadurch wird es möglich, auch Kleinstmengen mit vertretbarem Aufwand beim Kunden zu erfassen.

Eine koordinierte Erfassung und Sammlung des Elektronikschrottes sind eine Voraussetzung für eine rationelle Bearbeitung der Entfallstelle.

Besonders wichtig sind natürlich qualitative Anforderungen an die Logistik, wie Zuverlässigkeit und Transportsicherheit.

Die eingesetzte Fahrzeugtechnik sowie die verwendeten Transportbehälter sollten auf die jeweiligen Materialien sowie Kunden abgestimmt sein.

Neben Standardcontainern und Sonderbehältnissen können Elektronikgeräte ohne Gefährdungspotential auch kostengünstig als Stückgut transportiert werden.

6.2.2 Die betriebliche Mindestgröße für eine kostengünstige Demontage

Die Vielzahl der Produkte und der darin verwendeten Materialien begrenzt eine Automatisierung in der Demontage. Gleichzeitig muß der Zerlegebetrieb aber trotzdem einen erheblichen technischen Aufwand betreiben, um seinen Aufgaben nach dem Umweltrecht, den Bestimmungen der Arbeitssicherheit und der Kostensenkung gerecht zu werden.

Demontage-kapazität

Die beabsichtigte Zerlegetiefe bestimmt wesentlich die Leitstung eines Arbeistplatzes. Die erforderlichen Demontagekosten müssen sich schließlich auf notwendigste Leistungen für die folgenden Aufbereitungsvorgänge beschränken.

Um eine vertretbare Wirtschaftlichkeit zu erreichen, sollte ein Arbeitsplatz je nach Geräteart 0,7 - 1 t Elektronikschrott pro Schicht bei umfassender Schadstoffentfrachtung und begrenzter Wertstofftrennung demontieren.

Die Wirtschaftlichkeit der Zerlegung erfordert dementsprechend ein Mindestaufkommen von 800 t Elektronikschrott jährlich, das mit 6 Zerlegeplätzen zu bewältigen ist.

Eine Erhöhung der Produktivität ist erreichbar, wenn das Personal produktspezifische, quantitative und qualitative Vorgaben erhält. Die Führung arbeitstäglicher Leistungsnachweise und der Vergleich ähnlicher Arbeitsplätze führt zu erheblichen Produktivitätsverbesserungen. Obwohl einige Leistungen des Demontageprozesses nicht in jedem Fall quantifizierbar sind, so kann man jedoch mit Durchschnittswerten eine realistische Kapazität planen.

Eine weitere Einflußgröße für die Entwicklung der Produktivität der Zerlegung ist die rationelle Gestaltung des innerbetrieblichen Materialflusses sowie der Organisation. Eine hohe Produktivität wird immer dann erreicht, wenn der Materialeingang, die Lagerortverwaltung, die Vorsortierung sowie die innerbetrieblichen Transportwege sich möglichst genau nach den Demontagelinien ausrichten.

Ein nicht zu unterschätzender Faktor für die Steigerung der Arbeitsproduktivität ist die fachkundige Anleitung sowie die Dokumentation individueller Erfahrungen. Durch die Förderung von Teamarbeit, Verantwortungsbewußtsein, persönliche Identifikation mit dem eigenen Arbeitsplatz und kompromißloser Auseinandersetzung mit Nachlässigkeiten, mangelnder Arbeitsdisziplin und ungenügendem Verantwortungsbewußtsein können erhebliche Produktivitätssteigerungen erreicht werden.

Diese Verbesserungen bilden sich nicht von selbst. Durch kontinuierliche gezielte Einflußnahme der Vorgesetzten müssen die beabsichtigten Denk- und Verhaltensweisen der Mitarbeiter beeinflußt werden.

Günstige Kostenstrukturen im Personalbereich sind - wie bereits geschildert - durch eine Zusammenarbeit mit Partnerunternehmen und anschließender Spezialisierung erreichbar.

Gemeinnützige Institutionen bieten darüberhinaus oftmals Demontagekapazitäten im Bereich personalintensiver, manueller Tätigkeiten an. Auch in diesen Fällen können die angebotenen Alternativen attraktiv sein.

Die Ausschöpfung der vorhandenen Produktivitätsreserven im Demontageprozeß beeinflußt in entscheidender Weise die Wirtschaftlichkeit.

6.2.3 Wertstofferlöse und Entsorgungsentgelte

Ein Verwertungsbetrieb deckt seinen Kostenaufwand über die Wertstofferlöse und seine Entsorgungsentgelte. Da die Kosten der Trenntechnik durch Demontage und Wertstoffseparation beachtlich sind und gleichzeitig die Wertstoffe wie Metalle regelmäßig den kleineren Gewichtsanteil darstellen, müssen bei der Annahme von Elektronikschrott die Entsorgungspflichtigen den Verwertungsbetrieben Entsorgungsentgelte oder Zuzahlungen leisten.

Berechnung von Entsorgungsentgelten

Die Entsorgungsentgelte sind jedoch abhängig von

- der Preisentwicklung in den Metallmärkten,
- der technischen Entwicklung und damit der Kosten in der Trenntechnik und
- der Entwicklung der Entsorgungskosten.

Da die oben genannten 3 Einflußfaktoren die Wirtschaftlichkeit einer Elektronikschrottverwertung entscheidend bestimmen, müssen die veränderlichen Größen laufend in die Angebote eines Verwertungsbetriebes einfließen.

6.3 Handelsfunktionen bei der Wiederverwertung von Elektronikschrott

Die Wiederverwertung von Elektronikchrotten umfaßt alle charakteristischen Merkmale eines Handelsgeschäftes und enthält auch folgende typischen Handelsfunktionen:

Handelsfunktionen

- Es überbrückt den Unterschied zwischen kleinen Mengen des Aufkommens und den großen Mengen des Verbrauchs durch Lagerhaltung. Demzufolge handelt es sich um eine Mengenüberbrückungsfunktion.
- Das Recyclinggeschäft verbindet den Standort des Aufkommens mit dem Ort des Verbrauchs, so daß eine Raumüberbrückungsfunktion ausgeübt wird.
- Das Elektronikschrottgeschäft überbrückt darüber hinaus auch den Unterschied zwischen dem Zeitpunkt des Aufkommens und dem Zeitpunkt des Verbrauchs. Damit wird auch eine Zeitüberbrückungsfunktion übernommen.

Der Mengen-, Raum- und Zeitüberbrückungsfunktion entsprechen die bekannten Kostenarten für Lagerhaltung, Transport und Finanzierung.

Überwiegend ist unser freies Wirtschaftssystem gekennzeichnet durch Verteilersysteme, die große Mengen aus der Produktion schrittweise in kleinere konsumentengerechte Mengen verteilen.

Im Gegensatz dazu steht das System des Elektronikschrottrecyclings, bei dem kleine Mengen von neuem und alten Material erfaßt, gesammelt, bearbeitet und zu größeren Mengen zusammengestellt werden, die der industrielle Verbraucher benötigt. Wie beim Verteilungssystem übt der Sammler dieselben Handelsfunktionen der Mengen-, Raum- und Zeitüberbrückung aus. Dementsprechend verursacht er auch die typischen Lager-, Transport- und Finanzierungskosten und erwirtschaftet damit eine zusätzliche Wertschöpfung.

Zwischen dem beschriebenen Verteilungs- und Sammelsystem besteht jedoch ein besonderer, aber dennoch völlig logischer Unterschied.

Während am Ende eines Verteilungssystems die kleine Verbrauchsmenge mit dem höchsten Preis korrespondiert, verbindet das Ende eines Beschaffungssystems wegen der Summierung der Bearbeitungs- und Funktionskosten die größte Menge der erlösbringenden Werkstoffe mit dem günstigsten Preis.

Gemeinsam in beiden Systemen ist nämlich die Tatsache, daß Funktionskosten eine zusätzliche Wertschöpfung auslösen.

Deshalb liegt beim Elektronikschrottrecycling, das durch ein Beschaffungssystem charakterisiert wird, das ungewöhnliche Merkmal vor, daß das Angebot größerer aufbereiteter Materialmengen mit einem höheren Preis vom industriellen Verbraucher honoriert wird.

Bedeutung des Beschaffungssystems

Um also im Elektronikschrottrecycling Erfolg zu haben, muß die Annahmestelle ihre Energien auf die vollständige Erfassung der Schrotte richten. Ihre Anstrengungen konzentrieren sich deshalb auf die Beschaffungsseite. Aus diesem Grund bezeichnen die Verwerter auch konsequent ihre Lieferanten als Kunden. Sie sind nämlich von diesen genauso abhängig wie ein Vertriebssystem vom Endverbraucher. Darüber hinaus verkaufen sie ihrer Kundschaft die wichtige Dienstleistung der Entsorgung und der Verwertung der Rohstoffe.

7 Die Zertifizierung als notwendige Voraussetzung für den Betrieb eines Elektronikschrottaufbereiters

Das am 27.09.1996 inkrafttretende Gesetz zur Vermeidung, Verwertung und Beseitigung von Abfällen (Kreislaufwirtschaftsgesetz) ermöglicht wie bisher, daß die zur Beseitigung Verpflichteten wie Industrie und entsorgungspflichtige Gebietskörperschaften Dritte mit der Erfüllung ihrer Pflichten beauftragen können. § 16 Abs. 2 fordert jedoch von den beauftragten Dritten eine bestimmte Zuverlässigkeit, die in dem § 52 durch eine Zertifizierung als Entsorgungsfachbetrieb näher geregelt wird.

Zertifizierung als notwendige Voraussetzung für Entsorgungsverträge

Der Entsorgungsfachbetrieb muß dementsprechend den Nachweis einer persönlichen Zuverlässigkeit, einer Fachkenntnis und einer ausreichenden Haftpflichtversicherung erbringen.

Der BDS hat gemeinsam mit der GAZ Kriterien für die Zertifizierung eines Qualitätsmanagements im Stahlrecycling entwickelt, so daß dieses Prüfungsinstitut wegen der großen Affinität des Stahl- zum Elektronikschrottrecycling gut vorbereitet ist, d.h. Zertifizierungen von Elektronikschrottrecyclern fachgerecht und rationell durchführt.

Die zur Verwertung und Beseitigung Verpflichteten werden bei Aufträgen zertifizierte Entsorgungsfachbetriebe bevorzugen, so daß erfahrungsgemäß eine derartige zur Zeit noch freiwillige Zertifizierung bereits gegenwärtig eine notwendige Voraussetzung für Entsorgungsaufträge seitens der Kommunen, der Industrie und des Handels, der Banken und Versicherungen darstellt.

Rechtsvorschriften als Arbeitsgrundlage

In die Zertifizierung fließt ein umfangreicher Katalog von Rechtsvorschriften ein, der eine Grundlage für die Bewertung eines Entsorgungsfachbetriebes dastellt und detaillierte Vorgaben und Richtwerte enthält.

Die wichtigsten Vorschriften, Verordnungen und Richtlinien sind u.a.:

- das Gesetz zur Vermeidung, Verwertung und Beseitigung von Abfällen oder das Kreislaufwirtschaftsgesetz,

- Verordnung über die Vermeidung, Verringerung und Verwertung von Abfällen gebrauchter elektrischer und elektroni scher Geräte (Entwurf vom 15.10.1992),

- Bundesimissionsschutzgesetz,

- Verordnung über genehmigungsbedürftige Anlagen (4. BlmSchV),

- Gefahrstoffverordnung,

- PCB-TCD-VC-Verbotsverordnung

- Gefahrgutverordnung Straße-GGVS,

- Arbeitsstättenverordnung,

- Unfallverhütungsvorschrifen der Berufsgenossenschaften,

- Landesbauordnungen und

- DIN/ISO 9000 und folgende.

Diese Rechtsnormen enthalten Vorschriften über die Durchführung der Demontage, die Aufbereitung sowie weitere Handhabung von Elektronikschrott. Die in den Anforderungskatalogen der Prüfungsunternehmen zusammengetragenen Prüfkriterien geben also dem Verwertungsunternehmen eine wirkungsvolle Unterstützung für die Einhaltung der Verordnungen und Rechtsvorschriften.

Qualitätsmanagement nach EN ISO 9000

Für die Durchführung der Zertifizierung besteht gegenwärtig noch kein einheitlicher Qualitätsstandard. Die Prüfkriterien einiger Zertifizierungsunternehmen gehen aber zum Teil über gesetzlich vorgegebene Auflagen hinaus, sie legen die Normenserien EN ISO 9000 ff. zu Grunde und nutzen die Kriterien des ZVEI und VDMA.

Ein entscheidendes Prüfungskriterium im Rahmen der Zertifizierung ist der Nachweis geordneter Verwertungswege der verschiedenen Stoffe. Hierzu gehören alle bei der Demontage sowie in der Trenntechnik entstehenden Fraktionen, Komponenten, Schadstoffe, Wertstoffe und Materialverbunde.

Prüfungskriterien der Zertifizierung

Weitere wichtige Prüfungskriterien einer Zertifizierung sind:

- Personalanforderungen und deren Qualifikation,
- Regeln zur Arbeitssicherheit,
- Vorgaben für die Qualitätssicherung,
- Anforderungen an die Gestaltung des technischen Ablaufes,
- Organisation der lückenlosen Nachweise,
- Festlegungen für die Erfassung und Lagerung und
- Nachweise für die Durchführung von Transportaufgaben.

Diese und weitere Prüfkriterien sichern in geeigneter Weise nicht nur die Einhaltung von Gesetzen, Richtlinien und Vorschriften sondern gewährleisten vorbeugend auch den beabsichtigten Umweltschutz.

Dementsprechend versteht man unter Zertifizierung gemäß DIN/EN 45012 die Tätigkeit eines unparteiischen Dritten, die bestätigt, daß die Arbeitsweise in Übereinstimmung mit vorgegebenen Normen sowie bestehender Rechtsvorschriften hinreichend organisiert ist. Natürlich sollte der Zertifizierer selbst die verbindlichen Anforderungen der DIN/EN 45012 als akkreditiertes Unternehmen in vollem Umfang erfüllen.

Der ZVEI und der VDMA definierte ebenfalls genannte Anforderungskataloge für die Vergabe von Zertifikaten. Vergleicht man in diesem Zusammenhang bestehende Anforderungenskataloge einiger Zertifizierungsunternehmen, so stellt man zum Teil erhebliche Unterschiede in den Bewertungskriterien fest, so daß die Branche von einer bundesweiten und einheitlichen Zertifizierung noch weit entfernt ist.

Da der Zertifizierungsaufwand und die Vorbereitung nach EN ISO 9000 ff. die Möglichkeiten der meisten Elektronikschrottverwerter übersteigt, bietet der "Technische Überwachungsverein" Qualitätssicherungssysteme an, die in einer ersten Stufe zur Vorbereitung der Zertifizierung nach EN ISO 9000 ff. führen können.

Zertifizierung als wirtschaftliche Investition

Der vorher beschriebene Umfang einer Zertifizierung ist natürlich mit erheblichen Kosten verbunden. Da das Kreislaufwirtschaftsgesetz den zertifizierten Entsorgungsfachbetrieb fordert und deshalb die Zuverlässigkeit und die Fachkunde durch Zertifizierung nachzuweisen ist, wird zukünftig nicht nur ein umfassendes Gesetz mit hohem Aufwand zu erfüllen sein, sondem auch die Chance bestehen, durch zertifizierte Qualitätssicherungssysteme die Kostenposition der Elektronikschrottverwerter zu verbessem.

Danach ist eine Zertifizierung unter Kostengesichtspunkten auch als eine wirtschaftliche Investition zu betrachten.

7.1 Organisatorische Anforderungen an die Zertifizierung

Da bis zum September 1996 Zertifizierungen des Elektronikschrottrecyclings auf freiwilliger Basis durchgeführt werden und das Verfahren der Zertifizierung sich in weiten Teilen erst entwikkelt, konnte sich in der BRD bislang noch keine einheitliche Zertifizierungspraxis ausbilden. Da jedoch die Zielstellung des Gesetzgebers mit der Schaffung des Entsorgungsfachbetriebes klar umrissen ist, wird ein Unternehmen bei der Zertifizierung bestimmte Mindestanforderungen erfüllen müssen. Der Zertifizierer wird dementsprechend vom Unternehmen lückenlose Nachweise über die Erfassung, technische Arbeitsabläufe, Lagerung und den Warenausgang verlangen. Ein wesentliches Element dabei ist die Aufzeichnung der Verwertungswege und eine umfassende Aussage über die Beseitigung der nicht wertstoffhaltigen Abfälle.

Zweckmäßigerweise sollte ein Unternehmen diese Nachweise in Form eines Betriebsbuches erfassen und tagesaktuell auf dem neusten Stand halten. Wegen der Fülle der zu erfassenden Daten empfiehlt sich der Einsatz von Standard - EDV-Programmen.

Das Betriebsbuch sollte folgende Nachweise und Daten enthalten:

Inhalt des Betriebsbuches

- Kundenstammdaten,

- Warenein- und -ausgänge nach Sorten, Mengen, Werten und Terminen,

- Arbeitspläne und Arbeitsanweisungen für die Erfassung, Demontage, den innerbetrieblichen Transport, die Fraktionierung, Lagerung und Aufbereitung,

- vollständige Aufzeichnungen der Verwertungswege und der Beseitigung der Abfälle,

- kompletter Nachweis von Störfällen,

- arbeitsrechtliche Anweisungen über die Einhaltung von Gesetzen, Vorschriften, Verordnungen und sonstigen Bestimmungen,

- organisatorische Festlegungen über Verantwortlichkeiten, Zuständigkeitsbereiche, Weiterbildung und Befähigung,

- Umfang und Inhalt der Weiterbildungsmaßnahmen sowie Belehrungen und der damit erworbenen Befähigungen.

Da das Betriebshandbuch die wesentliche Arbeitsgrundlage eines Betriebsablaufes darstellt, muß es nicht nur aktuell sondern auch allen Mitarbeitern zugänglich sein, damit der Arbeitsprozeß positiv beeinflußt werden kann.

Mit einer vollständigen Erfassung der Nachweise und der aktuellen Daten ist das Betriebsbuch die notwendige Grundlage für die Einführung eines Qualitätssicherungssystems oder eines Qualitätshandbuches.

Kundenstammdaten

Die im Qualitätshandbuch ausgewiesenen Kundenstammdaten enthalten folgende Informationen:

- Kundennummer,
- Firmenbezeichnung,
- Ansprechpartner,
- Zeitangaben über Erstkontakte und letzte Lieferung,
- Kundenklassifizierung nach der Umsatzhöhe,
- Preisfestlegungen und
- sonstige Absprachen.

Mit einer sorgfältig geführten Kundenstammdatei erarbeitet sich ein Unternehmen nicht nur ein wertvolles Instrument für die Entwicklung der Kundenbeziehungen sondern auch für die Bewertung der Marktentwicklung.

lückenloser Materialnachweis

Die im Qualitätshandbuch erfaßten Daten über Materialein- und -ausgänge müssen jederzeit lückenlose Nachweise über den Stofffluß zulassen. Folgende wichtige Einzeldaten sollten hierbei erfaßt werden:

- Zeitangabe der Materialein- und -ausgänge,
- umfassende Kunden- und Lieferantenangaben,
- Menge und Art des Elektronikschrottes, der Wert- und Schadstoffmengen im Warenein- und Warenausgang,
- Angaben über Leergutaustausch,
- Bestätigung der Richtigkeit bei der Übernahme oder Übergabe von Material durch Unterschrift des Lieferanten oder des Abnehmers.

Es ist aus Sicherheitsgründen empfehlenswert, neben der Lagerbestandsentwicklung für wertstoffhaltige Materialien auch diejenigen, der schadstoffhaltigen Stoffe und Bauteile einmal wöchentlich zu überprüfen.

Daneben ist selbstverständlich eine sorgfältige Wareneingangskontrolle notwendig, um Wert- und Schadstoffströme genau bestimmen aber auch um beschädigtes und damit nicht zu verarbeitendes Material bei der Annahme verweigern zu können.

In der Praxis ist nämlich nicht ausgeschlossen, daß beschädigte Bildröhren, gebrochene Leuchtstoffröhren, Behälter unbekannten Inhaltes und sogar radioaktive Stoffe angeliefert werden. Diese Fälle kommen vor allem bei Neukunden vor, die aus überwiegender Unkenntnis die Gefahren des Elektronikschrottes nicht einschätzen können.

Arbeitspläne und -anweisungen

Die zum Qualitätshandbuchbuch gehörenden Arbeitspläne und Arbeitsanweisungen beschreiben detailliert die verschiedenen Einzeltätigkeiten bei der Wiederverwertung von Elektronikschrott. Dazu gehören folgende Angaben:

- Festlegung der Arbeitsgänge für die Zerlegung der Gerätegruppen,
- Bestimmung der Vorgabezeiten einzelner Tätigkeiten,

- Vorgabe der optimalen Zerlegetiefe,
- das Erstellung der Musterfraktionen durch Fotos oder Layouts als Hilfsmittel.

Eine klare Formulierung der Arbeitspläne und Arbeitsanweisungen dient nicht nur der Sicherung der Wirtschaftlichkeit sondern ist auch eine Notwendigkeit für das Qualitätssicherungssystem. Nur mit den Mitteln klarer Arbeitsabläufe können Arbeitsergebnisse kontrolliert und Fehler vermieden werden. Damit stellen Arbeitspläne und Arbeitsanweisungen die notwendige Voraussetzung für die Einführung einer Fehler-Möglichkeiten-Einfluß-Analyse (FMEA) dar.

Arbeitsnachweise

Die nach den Arbeitsplänen geleisteten betrieblichen Ergebnisse sind arbeitstäglich zu erfassen und enthalten folgende einzelnen Daten:

- Namensangabe des Mitarbeiters,
- Datum,
- Bezeichnung der Arbeitstätigkeit,
- Unterbrechung des vorgegebenen Arbeitsauftrages mit Hinweisen zur Begründung,
- sonstige außergewöhnliche Vorfälle,
- Bestätigung der Angaben durch Unterschrift des Vorgesetzten

Die Führung von arbeitsplatzbezogenen Arbeitsnachweisen trägt zur vollständigen Dokumentation des Betriebsablaufes bei und ist ein wesentliches Element zur Produktivitätssteigerung. Darüberhinaus dient es auch der Erhöhung der Sicherheit, da aussagefähige Informationen über Arbeitsunfälle, Arbeitsgefährdungen, Diebstahl, Beschädigungen schadstoffhaltiger Stoffe usw. genau untersucht werden können.

Wichtige organisatorische Anforderung für die Zertifizierung ist die unkomplizierte Zugänglichkeit der Arbeitsdokumente und arbeitsrechtlichen Anweisungen für das Personal im Arbeitsbereich.

Die unmittelbare Zugänglichkeit zu Arbeitsdokumenten ist notwendig, um im Arbeitsprozeß schnell zu reagieren und ständig im Sinne eines aktiven und vorbeugenden Umweltschutzes tätig zu sein.

Betriebsbeauftragter für Abfall

Jeder Wiederverwertungsbetrieb sollte einen Betriebsbeauftragten für Abfall nach § 11 des Abfallgesetzes festlegen, der die erforderliche Qualifikation besitzt. Die vorhandene Abfallgesetzgebung ist umfassend und kompliziert, es ist deshalb vorteilhaft, qualifizierte Fachkräfte zur Einhaltung eines geordneten Ablaufes einzusetzen. Dieser Betriebsbeauftragte für Abfall muß folgende Tätigkeiten durchführen:

- Erarbeitung von Analysen und Berichte über Aktivitäten zur Abfallvermeidung und -verminderung sowie zur Gestaltung von Verwertungswegen,
- Kontrolle sowie persönliche Einflußnahme auf die Einhaltung abfallrechtlicher Aspekte,
- Erarbeitung von Abfallbilanzen,
- Durchsetzung von Schlußfolgerungen zur Stabilisierung der Arbeitsprozeße unter Beachtung abfallrechtlicher Schwerpunkte.

Die Bestandteile des Elektronikschrottes enthalten, wie bereits im ersten Teil des Buches dargestellt, in einigen Baugruppen oder Bauteilen die Schadstoffe PCB, Säure, Quecksilber, Öle, Fette, Schwermetalle, die fachmännisch zu behandeln sind.

Gefahrstoffbeauftragter

Diese Aufgabe kann von einem Beauftragten für Gefahrstoffe zielgerichtet beeinflußt werden. Die erforderlichen Kenntnisse auf diesem Gebiet beziehen sich vor allem auf

- die Lagerung und den sicheren Transport der Gefahrstoffe,
- die Demontage sowie sonstige Handhabung von schadstoffhaltigen Stoffen und
- Einflußnahme auf die Behandlung der von den Stoffen aus gehenden Gefahren.

Der Gefahrstoffbeauftragte ist regelmäßig zu schulen und im Rahmen der Weiterbildung zu befähigen.

7.2 Qualitätssicherung im Lager- und Transportbereich

Der Elektronikschrottbetrieb muß sicherstellen, daß jede Lagerung und jeder Transport so erfolgen muß, daß Umweltschäden vermieden werden und keine Gefährdungen für Mensch und Natur entstehen können.

Lagerungsbedingungen

Beim Umgang mit wassergefährdenden Stoffen ist besonders zu beachten, daß die verwendeten Anlagen sowie die Auffang- und Sammelbehälter sicher und gegenüber mechanischen, thermischen und chemischen Einflüssen hinreichend konstruiert sind. Es dürfen keine wassergefährdenden Stoffe im Betrieb oder beim Transport unkontrolliert austreten.

Die Beschaffenheit der Anlagenkomponenten, die wassergefährdende Stoffe erfassen, müssen übersichtlich, gut kontrollierbar und mit Überwachungssystemen versehen sein. Die Anlagen sollten entweder von einem dichten und gut isolierten Auffangraum umgeben sein oder mindestens doppelwandig ausgerüstet.

Die noch nicht schadstoffentfrachteten Geräte, Baugruppen und Einzelteile sind trocken und sicher aufzubewahren werden. Solche Fraktionen wie belüftete Bildröhren, Kondensatoren, Batterien, Leiterplatten mit Schadstoffanhaftungen usw. müssen während der Lagerung und des Transportes so geschützt werden, daß keine Beschädigungen oder äußere Beeinflussung auftreten, die zur Freisetzung der Schadstoffe führen können.

Nachlässigkeiten auf diesem Gebiet führen zu Gefährdungen für Mensch und Umwelt. Produkte mit freigewordenen Schadstoffanhaftungen erschweren darüberhinaus in erheblicher Weise den Demontage- und Aufbereitungsprozeß.

Folgende Anforderungen müssen für eine ordnungsgemäße Behandlung und Lagerung des Elektronikschrottes beachtet werden:

Eisen und NE-Metalle

- Eisen und NE-Metalle sind frei von Gefahrstoffen, unproblematisch und sie können durch Schmelzen verwertet werden. Für die Lagerung sowie den Nachweis über Warenbewegungen sind keine besonderen Anforderungen zu beachten.

- Flachbaugruppen sind nach Separation der schadstoffhaltigen Bauelemente wie Kondensatoren, Batterien, Quecksilberrelais usw. für eine stoffliche Verwertung nach dem Stand der Technik zugelassen. Die Verwertungsnachweise können in Form verbindlicher Erklärungen der Verwerter mit Verfahrensbeschreibungen erbracht werden. Für die Lagerung und den Transport sind keine besonderen Maßnahmen bzw. Ausstattungen erforderlich. *Flachbaugruppen*

- Kabel sind nicht schadstoffbelastet. Sie können trockenmechanisch durch Kabelzerlegung verwertet werden. Als Verwertungsnachweise gelten verbindliche Erklärungen der Verwerter. Die Lagerung und der Transport unterliegen keiner besonderen Einschränkung. *Kabel*

- Stecker und Verbindungselemente erfordern keine besondere Behandlung. Ihre Verwertung ist nach dem Stand der Technik ohne Umweltgefährdungen möglich. Als Verwertungsnachweis sind Rechnungen, Lieferscheine oder verbindliche Erklärungen der Verwerter ausreichend. Für die Lagerung und den Transport sind keine speziellen Anforderungen zu berücksichtigen. *Stecker und Verbindungselemente*

- Sortenreine Kunststoffe, die frei von Additiven sind, kann man ohne besondere Richtlinien der Verwertung zuführen. Als Verwertungsnachweis sind Rechnungen, Lieferscheine oder Verbindlichkeitserklärungen der Abnehmer ausreichend. Für die Lagerung und den Transport benötigt man keine zu sätzlichen Genehmigungen. *sortenreine Kunststoffe*

- Gemischte Kunststoffe sind nicht spezifiziert. Sie sind als hausmüllähnlicher Gewerbeabfall zu behandeln und unterliegen der Abfallverbringungsverordnung, so daß die entsprechenden Entsorgungsnachweise zu dokomentieren sind. *Mischkunststoffe*

- Belüftete Bildröhren sind verfahrenstechnisch aufzubereiten. Die auf der Innenseite des Frontscheibenglases aufgebrachte Leuchtschicht ist zu entfernen und getrennt zu entsorgen. Die Lagerung und der Transport müssen trocken, in Gitterboxen oder ähnlichen Behältern erfolgen. *Bildröhren*

Elektrolyt-kondensatoren - Elektrolytkondensatoren sind unbeschädigt auszubauen und nach PCB-haltigen sowie PCB-freien Fraktionen zu sortieren. Sowohl die PCB-behafteten als auch die PCB-freien Kondensatoren sind als besonders überwachungspflichtiger Abfall zu klassifizieren. Der Verbleib dieser Bauteile kann in einer Untertagedeponie erfolgen oder durch Verbrennung in zugelassenen Anlagen entsorgt werden. Über den Verbleib der Elektrolytkondensatoren muß ein Entsorgungsnachweis nach dem Abfallgesetz erbracht werden. Für die Lagerung und den Transport eignen sich Stahlbehälter, die möglichst in einem separaten Raum mit erforderlicher Kennzeichnung aufzubewahren sind.

Trockenbatterien - Trockenbatterien sind technisch zu verwerten. Als Verwertungsnachweis reicht die Erklärung des Verwerters über die Art der Aufbereitung. Die Lagerung und der Transport ist im geschlossenen Kunststoff behältern zulässig.

quecksilberhaltige Bauteile - Quecksilberhaltige Bauteile müssen unbeschädigt erfaßt und der speziellen Quecksilberverwertung zugeführt werden. Die Lagerung und der Transport erfolgt mit Begleitschein in geschlossenen Kunststoffbehältern mit Kennzeichnung. Der Verwertungsnachweis ergibt sich aus der verbindlichen Erklärung des Verwerters über die Art und Weise verfahrenstechnischer Aufbereitung.

Toner - Toner müssen in dichten Behältern trocken gelagert werden. Die Abgabe des Materials kann als hausmüllähnlicher Gewerbeabfall oder an spezielle Verwertungsunternehmen erfolgen.

LCD - LCD's dürfen nicht beschädigt werden. Die Lagerung und der Transport müssen in dichten Behältern erfolgen. Die Ab gabe des Materials muß durch Entsorgungsnachweise nach dem Abfallgesetz belegbar sein.

Entladungslampen - Entladungslampen müssen sorgfältig entnommen und gegen Bruch gesichert werden. Besondere Verwertungsnachweise sind nicht erforderlich.

Die Elektronikschrottrecyclingbetriebe sind generell verpflichtet, die Abgabe von Materialien lückenlos zu belegen. Vor allem der Verbleib kritischer Fraktionen mit Schadstoffanhaftungen ist in separater Form nachvollziehbar und lückenlos zu dokumentieren.

7.3 Hinweise für den Arbeitsschutz

Arbeitsschutzbedingungen

Für die Tätigkeit im Elektronikschrottrecycling müssen Arbeitsschutzkleidung und Sicherheitsschuhe benutzt werden. Für das Personal sind Gehörschutz, Arbeitshandschuhe, Schutzbrillen sowie unter bestimmten Bedingungen Schutzhelme zur Verfügung zu stellen.

Das Personal ist regelmäßig (viertel- bis halbjährlich) über den Umgang mit Gefahrstoffen zu belehren. Die Durchführung dieser Maßnahme ist mit Unterschrift durch die Mitarbeiter nachzuweisen.

Treten im einzelnen Verantwortungsbereich Nachlässigkeiten oder Unfälle auf, so sollte man in geeigneter Weise eine umfassende Auswertung mit einer gesonderten Belehrung vornehmen.

Arbeitsschutz an Maschinen

Für die Mitarbeiter, die an Maschinen und Anlagen in der Aufbereitung tätig sind, ergeben sich gesonderte Aspekte des Arbeitsschutzes, die von der jeweiligen Anlagentechnik bestimmt werden. In diesem Bereich müssen bei der Verarbeitung bestimmter Stoffe wie z. B. Aluminium, Magnesium und andere die technischen Voraussetzungen für einen Explosionsschutz erfüllt sein.

In vielen Fällen erfordert die trockenmechanische Aufbereitung von Verbundmaterialien spezielle Entstaubungsanlagen. Die Mißachtung von Vorschriften in der Aufbereitung und bei der Maschinenbedienung kann zu einer Gefährdung für Mitarbeiter und Umwelt führen.

Die Einhaltung von Arbeitsanweisungen und Arbeitsvorschriften ist ständig zu kontrollieren. Spezielle Arbeitsplätze von denen ein Gefährdungspotential ausgehen kann, sollte man besonders kennzeichnen. Für diese Arbeiten ist besonders zuverlässiges, qualifiziertes und verantwortungsbewußtes Personal einzusetzen.

7.4 Überwachung und Kontrolle

Prozeßsicherheit

Zertifizierte Betriebe müssen sich selbst monatlich hinsichtlich ihrer Prozeßsicherheit überwachen. Folgende Schwerpunkte sind zu berücksichtigen:

- Erarbeitung monatlicher Analysen über Warenein- und -ausgänge,
- Überprüfung der Lagerbestände im Wareneingang und im Warenausgang,
- Überwachung des technischen Ablaufes während der Demontage und Aufbereitung,
- Kontrolle der lückenlosen Verfügbarkeit der notwendigen Dokumente und Nachweise,
- Prüfung der Verwertungswege und
- Kontrolle der innerbetrieblichen Prozeßfolge.

Zertifizierungen von Elektronikschrottrecyclingbetrieben sind durch zugelassene Sachverständige jährlich zu bestätigen. Bestandteil dieser Wiederholungsprüfungen sind aktualisierte und dem Entwickungsstand angepaßte Maßnahmen, die eine dem Umweltrecht entsprechende Arbeitsweise sichert.

Im Ergebnis der Wiederholungszertifizierung wird ein Audit erstellt. Dabei ist der Zertifizierer durch das Elektrorecyclingunternehmen ständig über Veränderungen im Betrieb zu informieren.

Um die Gültigkeit des Zertifikates nicht zu verlieren, müssen die eingetretenen Veränderungen im Betriebsablauf die Anforderungskriterien der Zertifizierung erfüllen.

7.5 Praktischer Verlauf einer Zertifizierung

Im Gesetz zur "Vermeidung, Verwertung und Beseitigung von Abfällen", wurde die Forderung einer abfallarmen Kreislaufwirtschaft zum obersten Ziel erklärt. Auf dieser Grundlage können Hersteller und Vertreiber zur Rücknahme und stofflichen Verwertung gebrauchter Produkte verpflichtet werden.

Entwurf der Elektronikschrott-Verordnung

Der 1992 durch das Bundesministerium für Umwelt, Naturschutz und Reaktorsicherheit erarbeitete Entwurf einer künftigen „Verordnung über die Vermeidung von Abfällen gebrauchter elektrischer und elektronischer Geräte“ (Elektronikschrott-Verordnung) enthält einen entsprechenden Regelungsbedarf für die Handhabung von Elektronikschrott.

Dieser Entwurf fordert unter anderem, daß Materialien aus dem Elektronikschrott, deren Verwertung gegenwärtig nicht möglich ist, einer geordneten Abfallentsorgung zuzuführen sind. Zur Erfüllung dieser Pflichten, können sich die Verantwortlichen kompetenter Dritter bedienen, die als Verwertungsunternehmen Sammlungen, Transport, Verwertung und Entsorgung nach dem Stand der Technik durchführen.

Im Interesse einer ordnungsgemäßen Durchführung dieser Leistungen soll die Erstellung eines Gutachtens von einem anerkannten Sachverständigen belegen, daß der Verwertungs- oder Entsorgungsbetrieb die Anforderungen des Kreislauf-Wirtschafts-Gesetzes und der zukünftigen Elektronikschrott-Verordnung erfüllt.

Gesellschaft für Akkreditierung und Zertifizierung

Die Gesellschaft für Akkreditierung und Zertifizierung (GAZ) erarbeitete Anforderungen und Leitlinien, auf deren Grundlage eine gesetzeskonforme Arbeitweise der Recyclingbetriebe geprüft werden kann. Die GAZ bietet in fachlich kompetenter Weise Verwertungs- und Entsorgungsbetrieben freiwillige Prüfungen und Zertifizierungen nach dem im folgenden näher beschriebenen Auditierungs- und Zertifizierungsverfahren an.

Die Schwerpunkte und Prüfungskriterien orientieren sich am Kreislauf-Wirtschafts-Gesetz, am Entwurf zur Elektronikschrott-Verordnung sowie verschiedener Empfehlungen bzw. Kriterien des ZVEI und VDMA.

Das Zertifizierungsverfahren findet in der Regel in vier Stufen statt, die auch separat beauftragt werden können.

Grundfragebogen

Die zu zertifizierenden Betriebe erhalten von der Zertifizierungsstelle einen Grundfragebogen übermittelt, der nach Bearbeitung vom Auditor ausgewertet wird. Die Bewertung des Fragebogens findet nach folgenden Kriterien statt:

- Gegenstand bzw. Umfang der Zertifizierung,
- bereitzustellende Unterlagen,
- zutreffende Zertifizierungskriterien und
- Auditplan.

Im Rahmen der Auditierung führt man die Überprüfung der erfaßten technischen Daten und sonstigen betrieblichen Daten sowie der Erhebung von Mengenströmen durch. Im Interesse einer sorgfältigen Vorbereitung sollte dem Erfassungsaudit ein Vorgespräch mit dem Prüfer der Zertifizierungsstelle vorausgehen.

Genehmigungsnachweise

Eine erste wichtige Anforderung für die Durchführung der Zertifizierung ist der Nachweis der genehmigungsrechtlichen Voraussetzungen für den Betrieb und die durchgeführten Tätigkeiten, die dem aktuellen Stand entsprechen müssen. Dazu gehören

- gewerberechtliche Genehmigungen und

- Genehmigungen nach Baurecht, Bundes-Imissionsschutz-Gesetz, Abfallrecht sowie gegebenenfalls wasserrechtliche Genehmigung

Die Einhaltung gesetzlicher Regelungen, Verordnungen technischer Regeln z. B. hinsichtlich des

- Umweltschutzes,
- Brandschutzes,
- Explosionsschutzes,
- Arbeitssicherheit usw.

wird vorausgesetzt. Diese sind mit Ausnahme der im Anforderungskatalog enthaltenen Prüfkriterien nicht Bestandteil der Überprüfung und Zertifizierung.

Nachgewiesene Verstöße gegen Rechtsvorschriften können jedoch wirksame Maßnahmen zur Beseitigung von Mängeln und Mißständen herbeiführen. Der Betrieb muß nachweisen, daß alle in den Genehmigungsunterlagen festgelegten Auflagen auf dem Gebiet des Umweltschutzes, Brandschutzes und Arbeitssicherheit durch die betriebenen technischen Einrichtungen sowie die personellen und organisatorischen Maßnahmen erfüllt werden. Dies muß durch Vorlage von Gutachten, Meßprotokollen und ähnlichen belegt werden.

Qualitätsmanagement

Eine andere wichtige Grundanforderung im Rahmen der Zertifizierung ist der Nachweis einer Betriebsorganisation für das Qualitätsmanagement und die Führung eines Qualitätshandbuches. Der Betrieb muß über eine geeignete Organisation sowie über fachkundiges Personal in der erforderlichen Weise verfügen.

Es müssen Nachweise für die Aus- und Weiterbildung des Personals erbracht werden.

Wichtige Tätigkeiten und Vorgänge im Zusammenhang mit der Qualität der Arbeit, der Einhaltung gesetzlicher Bestimmungen sind durch Verfahrens- und Arbeitsanweisungen zu belegen.

Es muß eine eindeutige organisatorische Regelung von Zuständigkeiten vorhanden sein. Diese Festlegungen sind in angemessener Form entsprechend der Betriebsgröße in einem Qualitätshandhandbuch zu dokumentieren. Folgende Angaben müssen enthalten sein:

- Auditbeauftragter
- beauftragte Personen (Abfallbeauftragter/Gefahrgutbeauftragter)
- Personalqualifikation
- Personalschulung/-unterweisung
- Verfahrens- und Arbeitsanweisungen
- Notfallplanung.

Eine andere Grundanforderung als Bestandteil der Zertifizierung ist der Nachweis einer geeigneten Anlagen- und Betriebstechnik. Während der Auditierung ist nachzuweisen, welche Geräte und Maschinen, in welchem Umfang gehandhabt und Bestandteil der Verwertung sind. Besondere qualitative Kriterien ergeben sich für

- Sammlung,
- Transport,
- Lagerung,
- Verwertung und
- Entsorgung.

Schadstoffentfrachtung

Ein weiterer Schwerpunkt der Zertifizierung befaßt sich mit der ordnungsgemäßen Schadstoffentfrachtung. Die Handhabung, Demontage und Fraktionierung des Elektroschrottes muß so erfolgen, daß Schadstoffe sowie schadstoffbehaftete Komponenten sicher und vollständig separiert werden und innerhalb des Verantwortungsbereiches zu keinerlei Mißständen führen können. Die mit der Schadstoffentfrachtung verbundenen Arbeitsabläufe sind nachweisbar zu organisieren.

Verwertungsnachweise

Ein nächster Prüfungsschwerpunkt für die Zertifizierung von Elektronikschrottrecyclingbetrieben ist die ordnungsgemäße Handhabung von Verwertungsnachweisen.

Sammlung, Transport, Demontage, Sortierung und Verwertung müssen grundsätzlich so erfolgen, daß entsprechend dem Stand der Technik eine größtmögliche Verwertung zu erzielen ist.

Werden Fraktionen an Folgeverwerter abgegeben, sollten diese über ein entsprechendes Zertifikat bzw. gleichwertiges Dokument einer anderen Zertifizierungsstelle verfügen. Werden Fraktionen an Unternehmen im Ausland zur Verwertung weitergegeben, sind mindestens folgende Nachweise nach der EU-Verbringungsverordnung vorzulegen:

- Ein- und Ausfuhrgenehmigungen,
- Verwertungserklärung des weiterführenden Betriebes,
- Beschreibung der Art und Weise der Verwertung und
- Zustimmung der Hersteller oder Vertriebsfirma der Geräte.

Die Verwertung und Aufbereitung der Stoffe und Fraktionen muß in jedem Fall so erfolgen, daß vorher Problemstoffe abgetrennt und einer geeigneten, umweltgerechten Entsorgung zugeführt werden.

Mengenströme

Ein anderer wichtiger Auditierungsschwerpunkt ist die vollständige Erfassung und Dokumentation der Mengenströme. Der Betrieb hat die Stoff- und Warenströme so zu erfassen und zu dokumentieren, daß für Dritte jederzeit ein umfassender Überblick über den stofflichen Eingang und Ausgang sowie den Lagerbestand möglich ist.

Die ein- und ausgehenden Stoffe oder Fraktionen sind mittels geeichter Waagen zu bestimmen. Für bestimmte Großgeräte kann eine Bestimmung nach Stückzahlen und Volumengrößen erfolgen.

Input und Output müssen arbeitstäglich in einem Betriebsbuch oder gleichwertigen Datenerfassungssystem registriert und dokumentiert werden.

Wareneingang

Folgende Informationen im Wareneingang müssen erfaßt werden:

- Lieferdatum,
- Herkunft des Materials,
- Warenbezeichnung und
- Mengenangaben.

Warenausgang

Für den Warenausgang müssen folgende Informationen erfaßt werden:

- Versanddatum,
- Empfänger und Spediteur,
- Warenbezeichnung und
- Mengenangaben.

Als Grundlage für die Bewertung innerbetrieblicher Stoffströme sind monatlich folgende Nachweise zu ermitteln:

- Lagerbestand getrennt für Wareneingänge und Warenausgänge,

- Stoffbilanz bezogen auf Materialzugänge und Materialabgänge.

Dokumentennachweise

Jeder Betrieb muß während der Auditierung die Einzelnachweise in übersichtlicher und chronologisch geordneter Form vorlegen. Hierzu zählen Lieferscheine, Wiegescheine, Entsorgungs- und Verwertungsnachweise. Im Rahmen der Folgeüberwachung müssen alle Dokumente mindestens bis zum letzten Kontrollvermerk für die Einsichtnahme zur Verfügung stehen.

Weitere besondere Anforderungen während der Auditierung, die sich aus der jeweiligen Tätigkeit, Betriebsweise und Anlagentechnik ergeben, können im Konkreten auf der Grundlage gesetzlicher und technischer Regelungen und Normen oder im Bedarfsfall auf der Grundlage von Gutachten festgelegt werden.

Die Zertifizierungsstelle und die beauftragten Auditoren sind verpflichtet, die im Rahmen der Zertifizierung und Überwachung erhobenen Daten streng vertraulich zu behandeln. Dadurch wird gesichert, daß keine Weitergabe von Daten, Geschäfts- und Betriebsgeheimnissen an Dritte erfolgt.

Die Zertifizierung von Verwertungsbetrieben des Elektronikschrottes bestätigt mit der Zertifikatvergabe, daß der Verwerter oder Entsorger die Anforderungen des Kreislauf-Wirtschafts-Gesetzes, der Elektronikschrott-Verordnung sowie der Kriterien ds ZVEI und des VDMA in vollem Umfange erfüllen.

Ein auf dieser Grundlage zertifizierter Betrieb kann davon ausgehen, daß seine Arbeitsweise einem hohen Qualitätsstandard entspricht, der zum Teil über die bestehenden gesetzlichen Vorschriften hinausgeht .

8 Rechtsvorschriften für das Elektronikschrottrecycling

8.1 Die Anwendung des "Gesetzes zur Vermeidung, Verwertung und Beseitigung von Abfällen" im Elektronikschrottrecycling

Abfalldefinition

Im Gesetz zur "Vermeidung, Verwertung und Beseitigung von Abfällen" (Kreislaufwirtschafts- und Abfallgesetz) ist gemäß § 3 der Begriff "Abfälle" eindeutig definiert.

Auf dieser Grundlage verstehen wir Abfälle als bewegliche Sachen, deren sich der Besitzer entledigt, entledigen will oder entledigen muß. Darüberhinaus verstehen wir unter Abfall bewegliche Sachen, die entsprechend ihrer ursprünglichen Zweckbestimmung nicht mehr verwendet werden, aufgrund des Zustandes ungeeignet sind und eine geordnete Entsorgung zur Sicherung des Allgemeinwohles und zum Schutz der Umwelt notwendig ist.

Das deutsche Abfallrecht geht im § 4 des Kreislaufwirtschaftsgesetzes von dem Grundsatz aus, daß der Vermeidung von Abfall der Vorrang gegenüber einer stofflichen oder energetischen Gewinnung gegeben wird.

Eine stoffliche Verwertung findet statt, wenn eine Maßnahme auf eine Nutzung des Abfalls zielt und nicht in der Beseitigung des Schadstoffpotentials liegt.

Zur Kreislaufwirtschaft gehört das Bereitstellen, Überlassen, Sammeln, Einsammeln, Befördern, Lagern und Behandeln von Abfällen zur Verwertung.

Grundpflichten

Im § 5 des Kreislaufwirtschaftsgesetzes sind Grundpflichten für die Kreislaufwirtschaft vorgegeben. Danach sind die Erzeuger oder Besitzer von Abfällen verpflichtet, eine stoffliche und energetische Verwertung vorzunehmen. Je nach Art und Beschaffenheit des Abfalls muß eine entsprechende hochwertige Verwertung angestrebt werden.

Für die Sicherung der gemeinwohlverträglichen Abfallbeseitigung wurde unter anderem festgelegt (§ 10 des Abfallgesetzes), daß Abfälle so zu beseitigen sind, daß keine Beeinträchtigung für das Wohl der Allgemeinheit entsteht.

Nach § 10 Abfallgesetz, Absatz 4 liegt "eine Beeinträchtigung vor, wenn

1. die Gesundheit der Menschen beeinträchtigt wird,
2. Tiere und Pflanzen gefährdet,
3. Gewässer und Boden schädliche beeinflußt,
4. schädliche Umwelteinwirkungen durch Luftverunreinigungen oder Lärm herbeigeführt,
5. die Belange der Raumordnung und der Landesplanung des Naturschutzes und der Landschaftspflege sowie des Städte baues nicht gewahrt oder
6. sonstige, die öffentliche Sicherheit und Ordnung gefährdet oder gestört werden."

Verwertung durch Dritte

Zur Verwertung und Beseitigung von Abfall, können gemäß § 16 des Kreislaufwirtschaftsgesetzes Dritte mit der Erfüllung ihrer Pflichten beauftragt werden. Voraussetzung dafür ist jedoch, daß „die Beauftragten Dritten über die erforderliche Zuverlässigkeit verfügen":

Eine Übertragung der Pflichten auf Dritte, kann mit Zustimmung der Entsorgungsträger dann erfolgen, wenn eine sach- und fachkundige sowie zuverlässige Arbeit sichergestellt ist, von einer umfassenden Erfüllung der übertragenen Pflichten ausgegangen werden kann und keine gegenteiligen Interessen vorliegen. Deshalb hat der Gesetzgeber im § 52 den Begriff des Entsorgungsfachbetriebes geschaffen.

Das Kreislaufwirtschaftsgesetz stellt im § 22 die Produktverantwortung für Entwickler, Hersteller oder Vertreiber heraus. Zur Er-

Produktverantwortung

füllung dieser Pflichten sind Erzeugnisse so zu gestalten, daß während der Herstellung und Gebrauchs ein Enstehen von Abfällen vermindert sowie die umweltverträgliche Verwertung und Beseitigung der Altmaterialien sichergestellt wird.

Der § 22 des Kreislaufwirtschaftsgesetzes beschreibt den konkreten Anwendungsbereich. Hierbei umfaßt die Produktverantwortung "insbesondere

1. Die Entwicklung, Herstellung und das in Verkehr bringen von Erzeugnissen die mehrfach verwendbar, technisch langlebig und nach Gebrauch zur ordnungsgemäßen und schadlosen Verwertung und umweltverträglichen Beseitigung geeignet sind,

2. den vorrangigen Einsatz von verwertbaren Abfällen oder sekundären Rohstoffen, bei der Herstellung von Erzeugnissen,

3. die Kennzeichnung von schadstoffhaltigen Erzeugnissen, um die umweltverträgliche Verwertung oder Beseitigung der nach Gebrauch verbleibenden Abfälle sicherzustellen,

4. den Hinweis auf Rückgabe, Wiederverwendungs- und Verwertungsmöglichkeiten oder -pflichten und Pfand regelungen durch Kennzeichnung der Erzeugnisse,

5. die Rücknahme der Erzeugnisse und der Gebrauch der Erzeugnisse verbleibenden Abfälle sowie deren nachfolgende Verwertung oder Beseitigung."

Im weiteren Teil des Kreislaufwirtschaftsgesetzes sind Abfallgruppen definiert. Dieser Klassifizierung sind Materialien und Fraktionen des Elektronikschrottes zuzuordnen.

Mit dem Inkrafttreten des Kreislaufwirtschaftsgesetzes im September 1996 sind die Grundvoraussetzungen für die Durchführung des Elektronikschrottrecyclings geregelt, auch wenn die Elektronikschrottverordnung nicht in Kraft tritt.

8.2 Anforderungen der Elektronikschrottverordnung - Entwurf Stand 15.10.1992

Bezogen auf die Produktverantwortung, die im Kreislaufwirtschaftsgesetz geregelt ist, beinhaltet der Entwurf der Elektronikschrott-Verordnung in konkreter Form den Umgang und die Handhabung bei der Sammlung, Erfassung, Demontage, Aufbereitung, Verwertung und Entsorgung von Elektroschrott.

Die zum gegenwärtigen Zeitpunkt aktuelle Fassung des Entwurfs der Elektronikschrott-Verordnung vom 15.10.1992 ist im Kapitel 10.1.1 abgedruckt.

Rücknahmeverpflichtung

Die Entsorgung des Elektronikschrottes erfolgte bisher in vielen Fällen noch über den Hausmüll. Der Verordnungsentwurf geht von einer Rücknahmeverpflichtung durch den Handel und Hersteller aus. Diese müssen unabhängig davon, ob eine Rückgabe im Zusammenhang mit dem Neukauf eines Gerätes oder ohne Neukauf von Geräte stattfindet, die Rücknahme vornehmen.

Hersteller und Vertreiber sind somit verpflichtet, am Ort der Auslieferung die gebrauchten Geräte zurückzunehmen, die er im Sortiment führt oder geführt hat. Die Rücknahmepflicht bezieht sich somit auf solche Geräte, welche die gleiche Funktion bzw. Zielsetzung wie das Neugerät erfüllt.

Eine Rücknahme von Geräten ohne Neukauf ist ebenfalls zwingend vorgeschrieben.

Die Händler haben das Recht sich mit ihrer Rücknahmeverpflichtung an den von der Wirtschaft betriebenen Rücknahmesystemen zu beteiligen. Die erfaßten Altgeräte und Gerätekomponenten sind stofflich zu verwerten. Im Gegensatz zur Verpackungsverordnung ist allerdings beim Elektronikschrott eine generelle stoffliche Verwertung nicht vorgesehen.

Im ersten Teil des Entwurfes der Elektronikschrott-Verordnung sind Ziele, Anwendungsbereiche und Begriffsbestimmungen nach abfallwirtschaftlichen Schwerpunkten genannt. Die abfallwirtschaftlichen Ziele orientieren auf die Vermeidung und Verringerung von Abfällen aus gebrauchten elektrischen und elektronischen Geräten oder Geräteteilen.

Für die Herstellung elektrischer oder elektronischer Geräte müssen umweltverträgliche und verwertbare Materialien zum Einsatz kommen. Der innere Aufbau der Produkte muß servicefreundlich und mit wenig Aufwand demontierbar sein. Die einzurichtenden Sammelsysteme müssen für den Endverbraucher gut erreichbar sein und eine hohe Rücklaufquote sichern.

Die zurückgenommenen Altgeräte oder Materialien müssen entweder einer erneuten Verwendung oder Verwertung zugeführt werden oder wenn keine Verwertung möglich ist, der sonstigen sachgemäßen Abfallentsorgung zugeführt werden.

Anwendungsbereich

Der § 2 des Entwurfes bestimmt den Anwendungsbereich. Danach sind Gerätehersteller oder Einrichtungen, die die Produkte mit ihrem Markenzeichen versehen und in Verkehr bringen, im Geltungsbereich der Verordnung erfaßt. Anstelle ausländischer Hersteller übernehmen die Vertreiber inländischer Unternehmen die Verpflichtungen im Anwendungsbereich der Verordnung.

Die Begriffsbestimmung gemäß § 3 stellt eine umfassende Definition der betroffenen Geräte dar. Verallgemeinert kann man einschätzen, daß Produkte im Sinne der Verordnung Baugruppen in Form von Gehäusen, Bildröhren, Tastauren, elektrische Antriebe, Flachbaugruppen und ähnliches sind. Dies gilt auch dann, wenn sie keine elektrischen Bauteile besitzen. Als Gerätebauteile nach der Verordnung bezeichnet man z. B. Kondensatoren, Dioden, Transisoren, Widerstände, Transformatoren und anderes.

Die umfassend dargestellte Begriffsbestimmung sichert eine eindeutige Abgrenzung des Elektroschrottes von anderen Materialien.

Verwertungspflichten

Der zweite Abschnitt des Entwurfes der Elektronikschrott-Verordnung befaßt sich mit den Rücknahme und Verwertungspflichten. Gemäß § 4 Absatz 1 ist der Vertreiber verpflichtet, die gebrauchten elektrischen oder elektronischen Geräte oder andere Materialien kostenlos zurückzunehmen. Lediglich für die Geräte, die vor Inkrafttreten der Elektronikschrott-Verordnung in Verkehr gebracht wurden oder nach Inkrafttreten der Verordnung von Endverbraucher in dem Geltungsbereich der Abfallgesetzgebung erbracht wurden, können vom Endverbraucher ein Entgelt für die Rücknahme der elektrischen Produkte verlangt werden. Natürlich darf dieses Entgelt die Kosten für Erfassung, Verwertung und Entsorgung nicht übersteigen.

Wenn die vorgelegten Geräte und Geräteteile nicht zum Sortiment des Händlers gehören, kann eine Rücknahme unter Berücksichtigung dieser bestimmten Typen abgelehnt werden.

Der Händler ist nicht verpflichtet, jede beliebige Anzahl von Geräten zurückzunehmen. Er kann sich auf eine Anzahl im Rahmen der Neubeschaffung oder im Falle der Haushaltsauflösung beschränkt.

Die Beschränkung für die Rücknahme kann sich auch auf eine der Funktionsweise seines Verkaufssortimentes begrenzten Gerätegruppe beziehen.

Die Händler mit einer Betriebsfläche von weniger als 100 m^2 können eine Annahme auf die Geräteanzahl begrenzen, die gerade gekauft werden. Diese Einschränkung gilt jedoch nicht, wenn die Altgeräte in der jeweiligen Verkaufsstelle bzw. in einer zugehörigen Filiale verkauft worden sind.

Der § 6 des Verordnungsentwurfes regelt den Ort der Rücknahme. Wenn die Rücknahme der Geräte nach § 4 mit einem Neukauf verbunden ist, ist der Ort der Rücknahme mit dem Ort der Übergabe des Neugerätes identisch. Somit kann das Ladengeschäft oder auch die Wohnung des Kunden, wenn die Neugeräte angeliefert worden sind, als Rücknahmeort gelten.

Wenn Geräte ohne Kauf von Neugeräten zurückgegeben werden, ist der Rücknahmeort die entsprechende Verkaufsstelle des zur Rücknahme verpflichteten.

Die Rücknahme der Altgeräte durch die Hersteller muß dort erfolgen, wo Neugeräte dem Händler übergeben werden. Wenn Hersteller und Vertreiber eigene Systeme aufbauen oder sich an einem System beteiligen, daß eine sichere, regelmäßige Rücknahme der Gebrauchtgeräte vom Endverbraucher gewährleistet bzw. wenn eine Annahmestelle in der Nähe der Verkaufsstelle betrieben wird, kann eine Befreiung von den Verpflichtungen nach den § 4 bis 6 zugelassen werden.

Der ordnungsgemäße Vollzug der Rücknahmeleistungen im Sinne der Verordnung muß durch die Betreiber den entsorgungspflichtigen Körperschaften nachgewiesen werden. Geräte aus dem industriellen und gewerblichen Bereichen bzw. aus öffentlichen Einrichtungen können auf der Grundlage einer freien Vertragsgestaltung nach Gerätetypen und Rücknahmeort vereinbart werden.

Die Plicht zur Verwertung zurückgenommener Elektrogeräte für Hersteller und Vertreiber ist im § 7 des Verordnungsentwurfes festgelegt. Verwertungsquoten sind jedoch nicht festgelegt worden.

Im Elektrorecycling sind nicht alle Materialien stofflich zu verwerten. Im § 9 des Verordnungsentwurfes sind deshalb Regelungen getroffen, wonach nichtverwertbare Stoffe der Entsorgung zugeführt werden dürfen. Über den Verbleib der entsorgungspflichtigen Materialien oder des Abfalls, muß der zuständigen Behörde einmal jährlich nach vorgegebenen Muster berichten werden.

Verwertung durch Dritte

Hersteller und Vertreiber können die Aufgaben der Elektronikschrottverordnung gemäß § 10 auf Dritte übertragen. Voraussetzung ist hier jedoch, daß diese Dritten die Anforderungen der Abfallgesetzgebung und der Verordnung in vollem Umfange erfüllen. Der für das Elektrorecycling Beauftragte, muß durch ein Gutachten eines anerkannten Sachverständigen belegen, daß die genannten Anforderungen erfüllt sind.

Verstöße gegen die Elektronikschrott-Verordnung sowie der Zeitpunkt des Inkrafttretens sind im Abschnitt 3 festgelegt. Hierbei enthält der § 11 die noch zu formulierenden Bußgeldtatbestände. Der § 12 nennt den Termin für das Inkrafttreten der Verordnung.

Der dargestellte Verordnungsentwurf ist zur Zeit Gegenstand weitere Überlegungen zur inhaltlichen und terminlichen Gestaltung. In einer Antwort der Bundesregierung auf die kleine Anfrage einiger Abgeordneter (Drucksache 12/4562) wurde Namens der Bundesregierung mit Schreiben des Bundesminsteriums für Umwelt, Naturschutz und Reaktorsicherheit vom 26.04.1993 zum Arbeitsstand der Elektronikschrottverordnung Stellung genommen. Im Antwortschreiben der Bundesregierung (Drucksache 12/4820) geht man von der mittel- und langfristigen Zielsetzung aus,

- "den Eintrag gefährlicher Stoffe aus gebrauchter Elektronik in den Hausmüllpfad zu unterbrechen,
- Hersteller und Vertreiber zur Rücknahme, Verwertung und Entsorgung ihrer Erzeugnisse zu verpflichten,
- die Entwicklung von Geräten zu fördern, die umweltverträg lich verwertet und entsorgt werden können,
- auch den Verbraucher nach den Grundsätzen des Verursacherprinzips an den Kosten zu beteiligen."

Auf dieser Grundlage soll unter anderem eine EU-Richtlinie über die Verwertung und Entsorgung von Elektronikschrott eingeführt werden.

Die begonnenen Arbeiten zum Verordnungsentwurf sollen konsequent weitergeführt und die vorgesehenen Maßnahmen in einem zeitlichen Rahmen in Kraft treten der Wettbewerbsverzerrungen gegenüber anderen EU-Staaten und Wettbewerbsnachteile für deutsche Unternehmen vermeidet.

Verantwortlichkeiten

Ausgehend von der Besonderheit des Elektronikschrottes, daß verschiedene Geräte teilweise bis zu 20 Jahre alt sein können, einige Hersteller und Vertreiber nicht mehr im Markt erreichbar sind, die Eigenschaften einiger in den Geräten verwendeten Stoffe unbekannt sind oder zum Teil für die Verwertung ungeeignet sind, können aus verfassungsrechtlichen Gründen diese Recyclingkosten nicht auf bestehende Hersteller oder Vertreiber abgewälzt werden.

In diesem speziellen Fall müssen die Letztbesitzer die erforderlichen Kosten der Verwertung tragen.

Nach Meinung der Bundesregierung ist es erforderliche "möglichst rasch

- nach einer separaten Erfassung von Altgeräten,
- zum Aufbau unterschiedlicher Verwertungs- und Entsorgunsstrukturen zu gelangen
- und gleichzeitig die Industrie zu veranlassen, Neugeräte künftig von vornherein recyclinggerecht und ressourcenschonend zu konstruieren."

Während man bei Neugeräten darauf abzielt, die Recyclingkosten möglichst rasch in den jeweiligen Produktpreis zu integrieren, werden allerdings für einen Übergangszeitraum die Kosten für die umweltverträgliche Entsorgung der Altgeräte vom Bürger über die Müllgebühren oder einen Kostenbeitrag bei der Rückgabe aufgebracht.

TA-Sonderabfall

In der ab 1. Oktober 1990 in Kraft getretenen TA-Sonderabfall wurden bundesweit einheitliche Anforderungen für die Handhabung festgelegt. Die zentrale Forderung der TA-Sonderabfall beinhaltet, daß Schadstoffe in den Abfällen durch thermische oder chemisch-physikalische Aufbereitung zu zerstören oder abzutrennen bzw. zu mineralisieren und zu stabilisieren sind.

Die Ablagerung der entstandenen Rückstände darf aus ökologischer Sicht keine unvertretbaren Emissionen hervorrufen. Die auf oberirdischen Deponien abzulagernden Stoffe müssen hinsichtlich ihrerer hervorgerufenen Umweltbelastung ablagerungsfähig sein bzw. in eine ablagerungsfähige Form gebracht werden.

Die durch eine Vorbehandlung unzureichend mineralisierungsfähigen und stabilisierungsfähigen Stoffe, müssen durch eine Ablagerung unter Tage von der Biosphäre ausgeschlossen werden.

TA-Siedlungsabfall

Die am 1. Juni 1993 in Kraft getretene TA-Siedlungsabfall geht von der Zielstellung aus, daß die stoffliche Verwertung soweit wie möglich durchzusetzen und die umweltverträgliche Entsorgung der verbleibenden Reststoffe sicherzustellen ist. Verwertbare Stoffe im Hausmüll müssen demnach getrennt erfaßt und verwertet werden.

Lediglich die nichtverwertbaren Restabfälle sind nach kritischer Prüfung deponierbar. Die Deponierung von Abfällen ist begrenzt auf die Stoffe, die bei längerfristiger Lagerung keine negativen Auswirkungen auf die Umwelt entstehen lassen.

8.3 Vorschriften und Maßnahmen anderer Industrieländer für den Umgang mit Elektronikschrott

Frankreich

In Frankreich erarbeitete man 1992 im Auftrag der Regierung, eine Arbeitsgrundlage mit folgenden wichtigen Feststellungen:

- Elektronikschrott ist ein wertvoller Sekundärrohstoff, der nur geringfügig schadstoffbelastet ist,
- Kunststoffe sind aufgrund ihres Energiegehaltes als wertvolles Material zu bezeichen,
- die Hersteller haben die Aufgabe, leicht recycelbare Geräte zu entwickeln und die Produktion unter Schonung der Ressourcen durchzuführen,
- die Sammlung und Verwertung des Elektronikschrottes soll in Verantwortung der lokalen Abfallwirtschaft vorgenommen werden. Aus Wettbewerbsgründen wird eine europäische Regelung für das Elektrorecycling als dringend notwendig erachtet.

Die Gesetzgebungsinitiaitven in den Ländern Dänemark, Niederlande und Schweden, lehnen sich an den Entwurf des deutschen Kreislaufwirtschaftsgesetzes bzw. den Entwurf der Elektronikschrottverordnung an.

Österreich

In Österreich wurde zwischen Handel, Industrie und Regierung eine freiwillige Vereinbarung für die Durchführung des Elektrorecyclings abgeschlossen. Grundlage für diese Regelung sind unter anderem inhaltliche Schwerpunkte des Entwurfes der Elektronikschrottverordnung in Deutschland vom 15.12.1992.

Schweiz

In der Schweiz diskutiert man über einen Vorschlag für eine Elektroschrottgenossenschaft bestehend aus Industrie, Handel und Entsorgern für ausgewählter Gerätegruppen.

USA

In den USA schlug eine Kommission, bestehend aus Vertretern der Umweltbehörde, dem Senat und der Industrie eine Regelung zur Verleihung eines Umweltzeichens bei Rücknahme von Elektroaltgeräten vor. Dieser Vorschlag beschreibt detailierte Anforderungen für die Aufbereitung und Verwertung des Elektroschrottes. Einen anderen Vorschlag auf diesem Gebiet erarbeitete die Kommision für ein Regelwerk zum recycelfreundlichen Design.

In Japan besteht bereits seit Anfang 1992 eine verbindliche Verordung zur Rücknahme von Elektrogroßgeräten inklusive Kühlgeräten.

Zusammenfassend kann man feststellen, daß eine Rücknahme und Verwertung gebrauchter Elektrogeräte von allen Beteiligten sowohl in Deutschland als auch im Ausland befürwortet wird.

Zur Zeit werden vergleichbare, umfassende, gesetzliche bzw. freiwillige Regelungen national und international vorbereitet.

Begrüßenswert ist die sich zur Zeit auf dem Konsummarkt entwickelnde Eigendynamik. So werden unter anderem bereits Haushaltgroßgeräte gegen Entgelt bei Anlieferung eines Neugerätes mitgenommen. Einige Firmen, wie z. B. Grundig und Quelle, realisieren zum Teil versuchsweise die Rücknahme der nicht mehr verwendungsfähigen Elektronikgeräte.

Obwohl gegenwärtig sich das Gesetzgebungsverfahren zum Elektrorecycling verzögert, etablieren sich bereits verschiedene Rücknahme-, Aufbereitungs- und Verwertungssysteme.

Im Konsumgüterbereich wird sich dabei eine Rücknahme von Altgeräten über den Handel bzw. die Hersteller gegen Zahlung eines Entgeltes zukünftig stärker durchsetzen.

Europäische Union

Im Rahmen der Europäischen Union (EU) sind Bestimmungen für eine gemeinsame Umweltschutzpolitik erarbeitet worden. Die umweltpolitischen Ziele der EU zielen auf

- die Sicherung des Schutzes der Umwelt und die Einhaltung bestehender Rechtsvorschriften,

- die Verbesserung und Entwicklung der Umweltqualiltät,

- die Sicherung einer rationellen Verwendung der vorhandenen natürlichen Ressourcen und

- den Schutz der Gesundheit des Menschen.

Der Umweltpolitik der Europäischen Union liegt das Vorsorge- und das Verursacherprinzip zugrunde.

Seit Anfang dem Mai 1994 ist die Abfallverbringungsverordnung (Nr. 259/93 EWG) in der Europäischen Gemeinschaft in Kraft getreten. Dadurch wird das Kontrollsystem unter den Mitgliedstaaten und zwischen Mitgliedsstaaten und Drittländern geregelt.

Die EU-Abfallverbringungs-Verordnung geht von einem Verbot des Abfallexportes zur Beseitigung außerhalb der EG unter Berücksichtigung bestimmter Ausnahmeregelung aus. Im Rahmen dieser Regelung sollen Abfallexporte möglichst vermieden sowohl Abfallimporte auch aus den EG-Staaten eingeschränkt werden.

9 Verzeichnisse und Übersichten

9.1 Gesetze, Verordnungen und Richtlinien

9.1.1 Verordnung über die Vermeidung, Verringerung und Verwertung von Abfällen gebrauchter elektrischer und elektronischer Geräte (Elektronik-Schrott-Verordnung)

Bundesminister für Umwelt, Naturschutz und Reaktorsicherheit, WA II 3 - 30 114/7

Arbeitspapier!
Stand: 15. Oktober 1992

Dieses Arbeitspapier enthält den Diskussionsstand (Stand: 15. Oktober 1992) zu dem vom BMU am 11. Juli 1991 vorgelegten Referentenentwurf. Einbezogen wurden Änderungsvorschläge und Bedenken, die von den Beteiligten Kreisen in der Anhörung am 4. Oktober 1991 geäußert wurden sowie Vorstellungen der beteiligten Bundesressorts; die Ressortabstimmung ist noch nicht abgeschlossen!

Abschnitt I

Abfallwirtschaftliche Ziele Anwendungsbereich und Begriffsbestimmungen

§ 1 Abfallwirtschaftliche Ziele

Abfälle aus gebrauchten elektrischen und elektronischen Geräten oder Geräteteilen sollen dadurch vermieden und verringert werden, daß

1. elektrische oder elektronische Geräte oder Geräteteile aus umweltverträglichen und verwertbaren Materialien hergestellt werden,

2. elektrische oder elektronische Geräte oder Geräteteile so her gestellt werden, daß sie leicht repariert und zerlegt werden können,

3. für die Erfassung gebrauchter elektrischer und elektronischer Geräte oder Geräteteile Sammelsysteme eingerichtet wer den, die für den Endverbraucher leicht erreichbar sind und eine hohe Rücklaufquote gewährleisten,

4. zurückgenommene, gebrauchte elektrische oder elektronische Geräte oder Geräteteile einer erneuten Verwendung oder einer Verwertung zugeführt werden,

5. zurückgenommene, nicht verwertbare, gebrauchte elektrische oder elektronische Geräte oder Geräteteile der sonstigen sachgemäßen Abfallentsorgung zugeführt werden.

§ 2 Anwendungsbereich

(1) Den Vorschriften dieser Verordnung unterliegt, wer gewerbsmäßig oder im Rahmen wirtschaftlicher Unternehmen oder öffentlicher Einrichtungen im Geltungsbereich des Abfallgesetzes

1. elektrische oder elektronische Geräte (§ 3 Abs. 1) oder Geräteteile (§ 3 Abs. 2) herstellt oder mit seinem Markenzei chen versieht (Hersteller),

2. elektrische oder elektronische Geräte oder Geräteteile, gleich gültig auf welcher Handelsstufe, auch als Importeur, in Ver kehr bringt (Vertreiber).

(2) Vertreiber im Sinne dieser Verordnung ist auch der Versandhandel und ein Vertreiber, der elektrische oder elektronische Geräte oder Geräteteile nur zeitweise in seinem Sortiment oder im Nebengeschäft führt.

(3) Soweit der Hersteller seinen Sitz außerhalb des Geltungsbereichs des Abfallgesetzes hat, tritt derjenige Vertreiber in die Verpflichtungen des Herstellers ein, der die elektrischen oder elektronischen Geräte oder Geräteteile im Geltungsbereich des Abfallgesetzes in Verkehr bringt.

§ 3 Begriffsbestimmungen

(1) Elektrische und elektronische Geräte im Sinne dieser Verordnung sind elektrische oder elektronische Bauteile enthaltende

1. Geräte der individuellen Büro-, Informations- und Kommuni kationstechnik wie Arbeitsplatzcomputer, Arbeitsplatzdrucker, Arbeitsplatzkopiergeräte, Telefaxgeräte, Telefongeräte,
2. Fernsehgeräte mit einer Bildschirmdiagonale von mehr als 30 cm,
3. Hausgeräte wie Kälte- und Klimageräte, Herde, Geschirrspü ler, Waschmaschinen, Wäschetrockner,
4. Entladungslampen,
5. Geräte der Unterhaltungselektronik wie Fernsehgeräte mit einer Bildschirmdiagonale von weniger als 30 cm, Radioge räte, Tuner, Verstärker, Plattenspieler, CD-Player, Lautspre cher, auch als Gerätekombination, Geräte der Bild- und Ton aufzeichnung und -wiedergabe,
6. Haushaltgeräte wie Kaffeemaschinen, Schneid- und Rührgeräte, Mikrowellen, Staubsauger, Elektrowerkzeuge, Elektrorasierer,
7. Kleingeräte der Büro-, Informations- und Kommunikations technik wie Tisch- und Taschenrechner,
8. Uhren,
9. Geräte der Labor- und Medizintechnik im gewerblichen oder industriellen Bereich sowie in öffentliche Einrichtungen,

10. Geräte für den Geldverkehr im gewerblichen Bereich oder industriellen Bereich sowie in öffentlichen Einrichtungen,

11. Geräte der Meß-, Steuerungs- und Regelungstechnik im ge werblichen oder industriellen Bereich sowie in öffentlichen Einrichtungen,

12. Geräte der Bild- und Tonaufzeichnung und Wiedergabe im gewerblichen oder industriellen Bereich sowie in öffentli chen Einrichtungen,

13. Großgeräte der Büro-, Informations- und Kommunikations technik wie Vermittlungseinrichtungen, Geräte der Datenver arbeitung im gewerblichen oder industriellen Bereich sowie in öffentlichen Einrichtungen,

14. Hausgeräte wie Kälte- und Klimageräte, Herde, Geschirrspü ler, Waschmaschinen, Wäschetrockner im gewerblichen oder industriellen Bereich sowie in öffentlichen Einrichtungen.

(2) Geräteteile im Sinne dieser Verordnung sind Baugruppen wie Gehäuse, Bildschirme, Tastaturen, Elektromotoren oder Platinen, auch dann, wenn sie keine elektrischen oder elektronischen Bauteile enthalten, aber in funktionalem Zusammenhang mit einem Gerät nach Absatz 1 stehen.

(3) Bauteile von Geräten im Sinne dieser Verordnung sind einzelne Bauelemente wie Kondensatoren, Gleichrichter, Transistoren oder Röhren.

(4) Endverbraucher im Sinne dieser Verordnung ist derjenige, der die Geräte oder Geräteteile in der an ihn gelieferten Form nicht mehr weiter verarbeitet und bestimmungsgemäß nutzt.

Abschnitt II:

Rücknahme- und Verwertungspflichten

§ 4 Rücknahmepflichten des Vertreibers

(1) Der Vertreiber ist verpflichtet, gebrauchte elektrische oder elektronische Geräte oder Geräteteile vom Endverbraucher kostenlos zurückzunehmen.

(2) Der Vertreiber kann vom Endverbraucher ein Entgelt für die Rücknahme elektrischer oder elektronischer Geräte verlangen, die

1. vor Inkrafttreten dieser Verordnung in Verkehr gebracht wur den oder

2. nach Inkrafttreten dieser Verordnung vom Endverbraucher in den Geltungsbereich des Abfallgesetzes verbracht wur den oder dem Endverbraucher von einem Vertreiber mit Geschäftssitz außerhalb des Geltungsbereiches des Abfall gesetzes geliefert wurden.

Das Entgelt für die Rücknahme elektrischer oder elektronischer Geräte darf die nach Marktlage üblicherweise für die Erfassung, Verwertung und Entsorgung des jeweiligen Gerätes entstehenden Kosten nicht übersteigen.

(3) Der Vertreiber kann seine Verpflichtung nach Absatz 1 auf Geräte oder Geräteteile eines bestimmten Markenzeichens beschränken, die er in seinem Sortiment führt oder geführt hat.

(4) Die Rücknahmepflicht nach Absatz 1 bis 3 beschränkt sich auf die Anzahl der Geräte, die Endverbraucher üblicherweise im Falle der Neubeschaffung oder bei der Auflösung eines Haushaltes aussondern und die die gleiche oder ähnliche Grundfunktion haben, wie die Geräte, welche der Vertreiber in Verkehr bringt oder in Verkehr gebracht hat (Geräte gleicher Art).

(5) Vertreiber mit einer Betriebsfläche von weniger als 100 m^2 können die Annahme gebrauchter Geräte in der Verkaufsstelle auf die Zahl der vom Endverbraucher jeweils gekauften neuen Geräte oder Geräteteile beschränken; dies gilt nicht für Geräte oder Geräteteile, die ein Vertreiber in seiner Verkaufsstelle verkauft hat oder die bei Filialgeschäften in einer Filiale der jeweiligen Filialkette verkauft wurden.

(6) Für die in § 3 Nr. 5 - 8 genannten elektrischen oder elektronischen Geräte gelten die Rücknahmepflichten nach Absatz 1 bis 3 erst ab Januar 199...?

(7) Die Absätze 1 bis 6 gelten entsprechend für die Vertreiber der übrigen Handelsstufen.

§ 5 Rücknahmepflichten des Herstellers

(1) Der Hersteller ist verpflichtet, vom Vertreiber zurückgenommene, gebrauchte elektrische oder elektronische Geräte oder Geräteteile kostenlos zurücknehmen.

(2) Der Hersteller kann vom Vertreiber ein Entgelt für die Rücknahme gebrauchter elektrischer oder elektronischer Geräte oder Geräteteile verlangen, die

1. vor Inkrafttreten dieser Verordnung in Verkehr gebracht wur den oder

2. nach Inkrafttreten dieser Verordnung vom Endverbraucher in den Geltungsbereich des Abfallgesetzes verbracht wur den oder dem Endverbraucher von einem Vertreiber mit Geschäftssitz außerhalb des Geltungsbereiches des Abfall gesetzes geliefert wurden.

Das Entgelt für die Rücknahme gebrauchter elektrischer oder elektronischer Geräte oder Geräteteile darf die Marktlage üblicherweise für die Erfassung, Verwertung und Entsorgung des jeweiligen Gerätes oder Geräteteiles entstehenden Kosten nicht übersteigen.

(3) Der Hersteller kann seine Verpflichtung nach Absatz 1 auf gebrauchte elektrische oder elektronische Geräte oder Geräteteile eines bestimmten Markenzeichens beschränken, die er herstellt oder hergestellt hat.

(4) Die Rücknahmepflicht nach Absatz 1 oder 2 beschränkt sich auf Geräte oder Geräteteile, welche die gleiche oder ähnliche Grundfunktion haben wie die Geräte oder Geräteteile, welche der Hersteller in Verkehr gebracht hat (Geräte gleicher Art).

(5) Für die in § 3 Nr. 5 - 8 genannten elektrischen oder elektronischen Geräte gelten die Rücknahmepflichten nach Absatz 1 bis 3 erst ab 1. Januar 199...?

§ 6 Ort der Rücknahme

Erfolgt die Rücknahme nach § 4 im Zusammenhang mit einem Neukauf, ist der Ort der Rücknahme der Ort der Übergabe des Neugerätes; § 8 bleibt unberührt. Erfolgt die Rücknahme nach § 4 nicht im Zusammenhang mit einem Neukauf, ist der Ort der Rücknahme jede Verkaufsstelle des nach § 4 zur Rücknahme verpflichteten Vertreibers. Erfolgt die Rücknahme nach § 5, ist der Ort der Rücknahme der Ort, an dem der Hersteller die Neugeräte dem Vertreiber übergibt.

§ 7 Verwertungspflichten

Hersteller und Vertreiber sind verpflichtet, die nach §§ 4, 5 oder 8 zurückgenommenen gebrauchten elektrischen oder elektronischen Geräte oder Geräteteile zurückzunehmen und einer Verwertung zuzuführen.

§ 8 Ausnahmen

(1) Die Verpflichtungen nach §§ 4 bis 6 entfallen für solche Hersteller und Vertreiber, die selbst ein System betreiben oder sich an einem System beteiligen, das regelmäßig eine Rücknahme gebrauchter elektrischer oder elektronischer Geräte oder Geräteteile beim Endverbraucher gewährleistet und/oder Annahmestellen in der Nähe der Verkaufsstellen betreibt. Die Einrichtung eines solchen Systems hat der Betreiber den entsorgungspflichtigen Körperschaften gemäß § 1 Abs. 3 Nr. 7 Abfallgesetz nachzuweisen. Das System muß kartellrechtlich zulässig sein.

(2) Für die in § 3 Nr. 9 bis 13 genannten elektrischen oder elektronischen Geräte unterliegen Art und Ort der Rücknahme der freien Vertragsgestaltung. Soweit Hersteller oder Vertreiber für die Rücknahme ein Entgelt verlangen, darf dieses die nach Marktlage üblicherweise für die Erfassung, Verwertung und Entsorgung des jeweiligen Gerätes entstehenden Kosten nicht übersteigen.

§ 9 Entsorgung nicht verwertbarer Geräte oder Geräteteile

Solange noch elektrische oder elektronische Geräte oder Geräteteile zu entsorgen sind, deren Verwertung nicht oder nur teilweise möglich ist, sind die nicht verwertbaren Teile von den gemäß §§ 4 und 5 zur Rücknahme Verpflichteten der Abfallentsorgung zuzuführen. Wer elektrische oder elektronische Geräte oder Geräteteile verwertet oder entsorgt, hat der zuständigen Behörden einmal jährlich eine Erklärung über den Verbleib und die Behandlung der verwerteten oder als Abfall entsorgten Geräte oder Geräteteile nach dem im Anhang enthaltenen Muster abzugeben.

§ 10 Beauftragung Dritter

Hersteller und Vertreiber können sich zur Erfüllung der in dieser Verordnung bestimmten Pflichten Dritter bedienen. Bei der Beauftragung Dritter mit der Verwertung oder Entsorgung gebrauchter elektrischer oder elektronischer Geräte oder Geräteteile hat der Beauftragende durch ein Gutachten eines anerkannten Sachverständigen zu belegen, daß der Verwerter- oder Entsorgungsbetrieb die Anforderungen des Abfallgesetzes und dieser Rechsverordnung erfüllt, es sei denn, ein entsprechendes Gutachten liegt bereits vor.

Abschnitt III

Ordnungswidrigkeiten, Inkrafttreten

§ 11 Ordnungswidrigkeiten < ist noch anzupassen >

§ 12 Inkrafttreten

Diese Verordnung tritt am 1. Januar 1994 in Kraft.

9.1.2 Auszug aus dem Gesetz zur Förderung der Kreislaufwirtschaft und Sicherung der umweltverträglichen Beseitigung von Abfällen (Kreislaufwirtschafts- und Abfallgesetz - KrW-/AbfG)

Erster Teil. Allgemeine Vorschriften

§ 1 Zweck des Gesetzes

Zweck des Gesetzes ist die Förderung der Kreislaufwirtschaft zur Schonung der natürlichen Ressourcen und die Sicherung der umweltverträglichen Beseitigung von Abfällen.

§ 2 Geltungsbereich

(1) Die Vorschriften dieses Gesetzes für

1. die Vermeidung,
2. die Verwertung und
3. die Beseitigung von Abfällen.

(2) Die Vorschriften dieses Gesetzes gelten nicht für

1. die nach dem Tierkörperbeseitigungsgesetz, nach dem Fleisch hygiene- und dem Geflügelfleischhygienegesetz, nach dem Le bensmittel- und Bedarfsgegenständegesetz, nach dem Milch- und Margarinegesetz, nach dem Tierseuchengesetz, nach dem Pflanzenschutzgesetz und nach den aufgrund dieser Gesetze erlassenen Rechtsverordnungen zu beseitigenden Stoffe,

2. Kembrennstoffe und sonstige radioaktive Stoffe im Sinne des Atomgesetzes,

3. Stoffe, deren Beseitigung in einer aufgrund des Strahlungsvor sorgegesetzes erlassenen Rechtsverordnung geregelt ist,

4. Abfälle, die beim Aufsuchen, Gewinnen, Aufbereiten und Wei terverarbeiten von Bodenschätzen in der Bergaufsicht unterste henden Betrieben anfallen, ausgenommen Abfälle, die nicht unmittelbar und nicht üblicherweise nur bei dem im 1. Halbsatz genannten Tätigkeiten anfallen,

5. nicht in Behälter gefaßte gasförmige Stoffe,

6. Stoffe, sobald diese in Gewässer oder Abwasseranlagen einge leitet oder eingebracht werden,

7. das Aufsuchen, Bergen, Befördem, Lagem, Behandeln und Ver nichten von Kampfmitteln.

§ 3 Begriffsbestimmungen

(1) Abfälle im Sinne dieses Gesetzes sind alle beweglichen Sachen, die unter die im Anhang I aufgeführten Gruppen fallen und deren sich ihr Besitzer entledigt, entledigen will oder entledigen muß. Abfälle zur Verwertung sind Abfälle, die verwertet werden; Abfälle, die nicht verwertet werden, sind Abfälle zur Beseitigung.

(2) Die Entledigung im Sinne des Absatzes 1 liegt vor, wenn der Besitzer bewegliche Sachen einer Verwertung im Sinne des Anhangs II B oder einer Beseitigung im Sinne des Anhangs II A zuführt oder die tatsächliche Sachherrschaft über sie unter Wegfall jeder weiteren Zweckbestimmung aufgibt.

(3) Der Wille zur Entledigung im Sinne des Absatzes 1 ist hinsichtlich solcher beweglicher Sachen aufzunehmen,

1. die bei der Energieumwandlung, Herstellung, Behandlung oder Nutzung von Stoffen oder Erzeugnissen oder bei Dienstleistun-

gen anfallen, ohne daß der Zweck der jeweiligen Handlung hierauf gerichtet ist, oder

2. deren ursprüngliche Zweckbestimmung entfällt oder aufgege ben wird, ohne daß ein neuer Verwendungszweck unmittelbar an deren Stelle tritt.

Für die Beurteilung der Zweckbestimmung ist die Auffassung des Erzeugers oder Besitzers unter Berücksichtigung der Verkehrsanschauung zugrunde zu legen.

(4) Der Besitzer muß sich beweglicher Sachen im Sinne des Absatzes 1 entledigen, wenn diese entsprechend ihrer ursprünglichen Zweckbestimmung nicht mehr verwendet werden, aufgrund ihres konkreten Zustandes geeignet sind, gegenwärtig oder künftig das Wohl der Allgemeinheit, insbesondere die Umwelt zu gefährden und deren Gefährdungspotentials nur durch eine ordnungsgemäße und schadlose Verwertung oder gemeinwohlverträgliche Beseitigung nach den Vorschriften dieses Gesetzes und der auf Grund dieses Gesetzes erlassenen Rechtsverordnungen ausgeschlossen werden kann.

(5) Erzeuger von Abfällen im Sinne dieses Gesetzes ist jede natürliche oder juristische Person, durch deren Tätigkeit Abfälle angefallen sind, oder jede Person, die Vorbehandlungen, Mischungen oder sonstige Behandlungen vorgenommen hat, die eine Veränderung der Natur oder der Zusammensetzung dieser Abfälle bewirken.

(6) Besitzer von Abfällen im Sinne dieses Gesetzes ist jede natürliche oder juristische Person, die die tatsächliche Sachherrschaft über Abfälle hat.

(7) Abfallentsorgung umfaßt die Verwertung und Beseitigung von Abfällen.

(8) Besonders überwachungsbedürftig sind die Abfälle, die durch eine Rechtsverordnung nach § 41 Abs. 1 oder § 41 Abs. 3 Nr. 1 bestimmt worden sind. Überwachungsbedürftig sind alle übrigen

Abfälle, wenn sie beseitigt werden sollen, sowie die verwertbaren Abfälle, die durch eine Rechtsverordnung nach § 41 Abs. 3 Nr. 2 bestimmt sind.

Zweiter Teil. Grundsätze und Pflichten der Erzeuger und Besitzer von Abfällen sowie der Entsorgungsträger

§ 4 Grundsätze der Kreislaufwirtschaft

(1) Abfälle sind

1. in erster Linie zu vermeiden, insbesondere durch die Verminde rung ihrer Menge und Schädlichkeit,

2. in zweiter Linie
   a) stofflich zu verwerten oder
   b) zur Gewinnung von Energie zu nutzen (energetische Verwer tung).

(2) Maßnahmen zur Vermeidung von Abfällen, sind insbesondere die anlageninterne Kreislaufführung von Stoffen, die abfallarme Produktgestaltung sowie ein auf den Erwerb abfall- und schadstoffarmer Produkte gerichtetes Konsumverhalten.

(3) Die stoffliche Verwertung beinhaltet die Substitution von Rohstoffen durch das Gewinnen von Stoffen aus Abfällen (sekundäre Rohstoffe) oder Nutzung der stofflichen Eigenschaften der Abfälle für den ursprünglichen Zweck oder für andere Zwecke mit Ausnahme der unmittelbaren Energierückgewinnung. Eine stoffliche Verwertung liegt vor, wenn nach einer wirtschaftlichen Betrachtungsweise, unter Berücksichtigung der im einzelnen Abfall bestehenden Verunreinigungen, der Hauptzweck der Maß nahme in der Nutzung des Abfalls und nicht in der Beseitigung des Schadstoffpotentials liegt.

(4) Die energetische Verwertung beinhaltet den Einsatz von Abfällen als Ersatzbrennstoff; vom Vorrang der energetischen Verwer-

tung unberührt bleibt die thermische Behandlung von Abfällen zur Beseitigung, insbesonders von Hausmüll. Für die Abgrenzung ist auf den Hauptzweck der Maßnahme abzustellen. Ausgehend vom einzelnen Abfall, ohne Vermischung mit anderen Stoffen, bestimmen Art und Ausmaß seiner Verunreinigungen sowie die durch seine Behandlung anfallenden weiteren Abfälle und entstehenden Emissionen, ob der Hauptzweck auf die Verwertung oder die Behandlung gerichtet ist.

(5) Die Kreislaufwirtschaft umfaßt auch das Bereitstellen, Überlassen, Sammeln, Einsammeln durch Hol- und Bringsysteme, Befördern, Lagern und Behandeln von Abfällen zur Verwertung.

§ 5 Grundpflichten der Kreislaufwirtschaft

(1) Die Pflichten zur Abfallvermeidung richten sich nach § 9 sowie den auf Grund der §§ 23 und 24 erlassenen Rechtsverordnungen.

(2) Die Erzeuger oder Besitzer von Abfällen sind verpflichtet, diese nach Maßgabe von § 6 zu verwerten. Soweit sich aus diesem Gesetz nichts anderes ergibt, hat die Verwertung von Abfällen Vorrang vor deren Beseitigung. Eine Art und Beschaffenheit des Abfalls entsprechende hochwertige Verwertung ist anzustreben. Soweit dies zur Erfüllung der Anforderungen nach den §§ 4 und 5 erforderlich ist, sind Abfälle zur Verwertung getrennt zu halten und zu behandeln.

(3) Die Verwertung von Abfällen, insbesondere durch ihre Einbindung in Erzeugnisse, hat ordnungsgemäß und schadlos zu erfolgen. Die Verwertung erfolgt ordnungsgemäß, wenn sie im Einklang mit den Vorschriften dieses Gesetzes und anderen öffentlich-rechtlichen Vorschriften steht. Sie erfolgt schadlos, wenn nach der Beschaffenheit der Abfälle, dem Ausmaß der Verunreinigungen und der Art der Verwertung Beeinträchtigungen des Wohls der Allgemeinheit nicht zu erwarten sind, insbesondere keine Schadstoffanreicherung im Wertstoffkreislauf erfolgt.

(4) Die Pflicht zur Verwertung von Abfällen ist einzuhalten, soweit dies technisch möglich und wirtschaftlich zumutbar ist, insbeson-

dere für einen gewonnenen Stoff oder gewonnene Energie ein Markt vorhanden ist oder geschaffen werden kann. Die Verwertung von Abfällen ist auch dann technisch möglich, wenn hierzu eine Vorbehandlung erforderlich ist. Die wirtschaftliche Zumutbarkeit ist gegeben, wenn die mit der Verwertung verbundenen Kosten nicht außer Verhältnis zu den Kosten stehen, die für eine Abfallbeseitigung zu tragen wären.

(5) Der in Absatz 2 festgelegte Vorrang der Verwertung von Abfällen entfällt, wenn deren Beseitigung die umweltverträglichere Lösung darstellt. Dabei sind insbesondere zu berücksichtigen

1. die zu erwartenden Emissionen,
2. das Ziel der Schonung der natürlichen Ressourcen,
3. die einzusetzende oder zu gewinnende Energie und
4. die Anreicherung von Schadstoffen in Erzeugnissen, Abfällen zur Verwertung oder daraus gewonnenen Erzeugnissen.

(6) Der Vorrang der Verwertung gilt nicht für Abfälle, die unmittelbar und üblicherweise durch Maßnahmen der Forschung und Entwicklung anfallen.

§ 6 Stoffliche und energetische Verwertung

(1) Abfälle können

a) stofflich verwertet werden oder
b) zur Gewinnung von Energie genutzt werden.

Vorrang hat die besser umweltverträgliche Verwertungsart.
§ 5 Abs. 4 gilt entsprechend.

Die Bundesregierung wird ermächtigt, nach Anhörung der beteiligten Kreise (§ 60) durch Rechtsverordnung mit Zustimmung des Bundesrates für bestimmte Abfallarten aufgrund der in § 5 Abs. 5 festgelegten Kriterien unter Berücksichtigung der in Absatz 2 genannten Anforderungen den Vorrang der stofflichen oder energetischen Verwertung zu bestimmen.

(2) Soweit der Vorrang einer Verwertungsart nicht in einer Rechtsverordnung nach Absatz 1 festgelegt ist, ist eine energetische Verwertung im Sinne des § 4 Abs. 4 nur zulässig, wenn

1. der Heizwert des einzelnen Abfalls, ohne Vermischung mit an deren Stoffen, mindestens 11.000 kj/kg beträgt,

2. ein Feuerungswirkungsgrad von mindestens 75 Prozent erzielt wird,

3. entstehende Wärme selbst genutzt oder an Dritte abgegeben wird und

4. die im Rahmen der Verwertung anfallenden weiteren Abfälle möglichst ohne weitere Behandlung abgelagert werden können.

Abfälle aus nachwachsenden Rohstoffen können energetisch verwertet werden, wenn die in Satz 1 Nr. 2 bis 4 genannten Voraussetzungen vorliegen.

§ 7 Anforderungen an die Kreislaufwirtschaft

(1) Die Bundesregierung wird ermächtigt, nach Anhörung der beteiligten Kreise (§ 60) durch Rechtsverordnung mit Zustimmung des Bundesrates, soweit es zur Erfüllung der Pflichten nach § 5, insbesondere zur Sicherung der schadlosen Verwertung, erforderlich ist,

1. die Einbindung oder das Verbleiben von bestimmten Abfällen in Erzeugnissen nach Art, Beschaffenheit und Inhaltsstoffen zu be schränken,

2. Anforderungen an die Getrennthaltung, Beförderung und Lage rung von Abfällen festzulegen,

3. Anforderungen an das Bereitstellen, Überlassen, Sammeln und

Einsammeln von Abfällen durch Hol- und Bringsysteme festzulegen,

4. für bestimmte Abfälle, deren Verwertung aufgrund ihrer Art, Beschaffenheit oder Menge in besonderer Weise geeignet ist, Beeinträchtigungen des Wohls der Allgemeinheit, insbesonde re der in § 10 Abs.4 genannten Schutzgüter, herbeizuführen, nach Herkunftsbereich, Anfallstelle oder Ausgangsprodukt fest zulegen,

   a) daß diese nur in bestimmter Menge oder Beschaffenheit oder für bestimmte Zwecke in den Verkehr gebracht oder verwer tet werden dürfen,

   b) daß diese mit bestimmter Beschaffenheit nicht in den Ver kehr gebracht werden dürfen,

5. Hinweispflichten des jeweiligen Besitzers von Abfällen bezüg lich der aus diesen Rechtsverordnungen sich ergebenden An forderungen festzulegen, die dieser bei der Abgabe an Dritte zu beachten hat,

6. Kennzeichnungspflicht für Abfälle festzulegen.

(2) Durch Rechtsverordnung nach Absatz 1 können stoffliche Anforderungen festgelegt werden, wenn Kraftwerksabfälle, REA-Gipse oder sonstige Abfälle in der Bergaufsicht unterstehenden Betrieben aus bergtechnischen, bergsicherheitlichen Gründen oder zur Wiederbenutzbarmachung eingesetzt werden.

(3) Durch Rechtsverordnung nach Absatz 1 können Verfahren zur Überprüfung der dort festgelegten Anforderungen festgelegt werden, insbesondere

1. die Entnahme von Proben, der Verbleib und die Aufbewahrung von Rückstellproben und die hierfür anzuwendenden Verfahren,

2. die zur Bestimmung von einzelnen Stoffen oder Stoffgruppen erforderlichen Analyseverfahren.

Wegen der Anforderungen nach Satz 1 kann auf jedermann zugängliche Bekanntmachungen sachverständiger Stellen verwiesen werden; hierbei ist

1. in der Rechtsverordnung das Datum der Bekanntmachung an zugeben und die Bezugsquelle genau zu bezeichnen

2. die Bekanntmachung bei dem Deutschen Patentamt archiv mäßig gesichert niederzulegen und in Rechtsverordnung darauf hinzuweisen.

§ 8 Anforderungen an die Kreislaufwirtschaft im Bereich der landwirtschaftlichen Düngung

(1) Das Bundesministerium für Umwelt, Naturschutz und Reaktorsicherheit wird ermächtigt, im Einvernehmen mit dem Bundesministerium für Gesundheit nach Anhörung der beteiligten Kreie (§ 60) durch Rechtsverordnung mit Zustimmung des Bundesrates für den Bereich der Landwirtschaft Anforderungen zur Sicherung der ordnungsgemäßen und schadlosen Verwertung nach Maßgabe des Absatzes 2 festzulegen.

(2) Werden Abfälle zur Verwertung als Sekundärrohstoffdünger oder Wirtschaftsdünger im Sinne des § 1 des Düngemittelgesetzes auf landwirtschaftlich, forstwirtschaftlich oder gärtnerisch genutzte Böden aufgebracht, können in Rechtsverordnungen nach Absatz 1 für die Abgabe und die Aufbringung hinsichtlich der Schadstoffe insbesondere

1. Verbote oder Beschränkungen nach Maßgabe von Merkmalen wie Art und Beschaffenheit des Bodens, Aufbringungsort und -zeit und natürliche Standortverhältnisse sowie

2. Untersuchungen der Abfälle oder Wirtschaftsdünger oder des Bodens, Maßnahmen zur Vorbehandlung dieser Stoffe oder ge eignete andere Maßnahmen bestimmt werden. Dies gilt für Wirtschaftsdünger insoweit, als das Maß der guten fachli chen Praxis im Sinne des § 1 a des Düngemittelsgesetzes überschritten wird.

(3) Die Landesregierungen können Rechtsverordnungen nach Absatz 2 erlassen, soweit das Bundesministerium für Umwelt, Naturschutz und Reaktorsicherheit von der Ermächtigung durch Rechtsverordnung ganz oder teilweise auf andere Behörden übertragen.

§ 9 Pflichten der Anlagenbetreiber

Die Pflichten der Betreiber von genehmigungsbedürftigen und nicht genehmigungsbedürftigen Anlagen nach dem Bundes-Immissionsschutzgesetz, diese so zu errichten und zu betreiben, daß Abfälle vermieden, verwertet oder so beseitigt werden, richten sich nach den Vorschriften des Bundes-Immissionsschutzgesetzes. Stoffbezogene Anforderungen an die Art und Weise der Verwertung und Beseitigung von Abfällen nach diesem Gesetz bleiben unberührt. Stoffbezogene Anforderungen an die anlageninterne Verwertung sind durch Rechtsverordnung nach § 6 Abs. 1 und § 7 festzulegen.

§ 10 Grundsätze der gemeinwohlverträglichen Abfallbeseitigung

(1) Abfälle, die nicht verwertet werden, sind dauerhaft von der Kreislaufwirtschaft auszuschließen und zur Wahrung des Wohls der Allgemeinheit zu beseitigen.

(2) Die Abfallbeseitigung umfaßt das Bereitstellen, Überlassen, Einsammeln, die Beförderung, die Behandlung, die Lagerung und die Ablagerung von Abfällen zur Beseitigung. Durch die Behandlung von Abfällen sind deren Menge und Schädlichkeit zu vermindern. Bei der Behandlung und Ablagerung anfallende Energie oder Abfälle sind so weit wie möglich zu nutzen. Die Behandlung und Ablagerung ist auch dann als Abfallbeseitigung anzusehen, wenn dabei anfallende Energie oder Abfälle genutzt werden können und diese Nutzung nur untergeordneter Nebenzweck der Beseitigung ist.

(3) Abfälle sind im Inland zu beseitigen. Die Vorschriften der Verordnung (EWG) Nr. 259/93 des Rates vom 1. Februar 1993 zur

Überwachung und Kontrolle der Verbringung von Abfällen in der, in die und aus der Europäischen Gemeinschaft (ABI.EG Nr. L 30, S. 1) und des Ausführungsgesetzes zu dem Basler Übereinkommen vom 22. März 1989 über die Kontrolle der grenzüberschreitenden Verbringung gefährlicher Abfälle und ihrer Entsorgung vom ...[1] bleiben unberührt.

---

[1] Das Ausführungsgesetz zum Basler Übereinkimmen befindet sich derzeit im Gesetzgebungsverfahren

(4) Abfälle sind so zu beseitigen, daß das Wohl der Allgemeinheit nicht beeinträchtigt wird. Eine Beeinträchtigung liegt insbesondere vor, wenn

1. die Gesundheit der Menschen beeinträchtigt,
2. Tiere und Pflanzen gefährdet,
3. Gewässer und Boden schädlich beeinflußt,
4. schädliche Umwelteinwirkungen durch Luftverunreinigungen oder Lärm herbeigeführt,
5. die Belange der Raumordnung und der Landesplanung, des Naturschutzes und der Landschaftspflege sowie des Städtebaus nicht gewahrt oder
6. sonst die öffentliche Sicherheit und Ordnung gefährdet oder gestört werden.

§ 11 Grundpflichten der Abfallbeseitigung

(1) Die Erzeuger oder Besitzer von Abfällen, die nicht verwertet werden, sind verpflichtet, diese nach den Grundsätzen der gemeinwohlverträglichen Abfallbeseitigung gemäß § 10 zu beseitigen, soweit in den §§ 13 bis 18 nichts anderes bestimmt ist.

(2) Soweit dies zur Erfüllung der Anforderungen nach § 10 erforderlich ist, sind Abfälle zur Beseitigung getrennt zu halten und zu behandeln.

§ 12 Anforderungen an die Abfallbeseitigung

(1) Die Bundesregierung wird ermächtigt, nach Anhörung der beteiligten Kreise (§ 60) durch Rechtsverordnung mit Zustimmung des Bundesrates zur Erfüllung der Pflichten nach § 11 entsprechend dem Stand der Technik Anforderungen an die Beseitigung von Abfällen nach Herkunftsbereich, Anfallstelle sowie nach Art, Menge und Beschaffenheit festzulegen, insbesondere

1. Anforderungen an die Getrennthaltung und die Behandlung von Abfällen,

2. Anforderungen an das Bereitstellen, Überlassen, das Einsam meln, die Beförderung, Lagerung und die Ablagerung von Ab fällen und

3. Verfahren zur Überprüfung der Anforderungen entsprechend § 7 Abs. 3.

(2) Die Bundesregierung erläßt nach Anhörung der beteiligten Kreise (§ 60) mit Zustimmung des Bundesrates zur Durchführung dieses Gesetzes un der aufgrund dieses Gesetzes erlassenen Rechtsverordnungen des Bundes allgemeine Verwaltungsvorschriften über Anforderungen an die umweltverträgliche Beseitigung von Abfällen nach dem Stand der Technik. Hierzu sind auch Verfahren der Sammlung, Behandlung, Lagerung und Ablagerung festzulegen, die in der Regel eine umweltverträgliche Abfallbeseitigung gewährleisten.

(3) Stand der Technik im Sinne dieses Gesetzes ist der Entwicklungsstand fortschrittlicher Verfahren, Einrichtungen oder Betriebsweisen, der die praktische Eignung einer Maßnahme für eine umweltverträgliche Abfallbeseitigung gesichert erscheinen läßt. Bei der Bestimmung des Standes der Technik sind insbesondere ver-

gleichbare Verfahren, Einrichtungen oder Betriebsweisen heranzuziehen, die mit Erfolg im Betrieb erprobt worden sind.

§ 13 Überlassungpflichten

(1) Abweichend von § 5 Abs. 2 und § 11 Abs. 1 sind Erzeuger oder Besitzer von Abfällen aus privaten Haushaltungen verpflichtet, diese den nach Landesrecht zur Entsorgung verpflichteten juristischen Personen (öffentlich-rechtliche Entsorgungsträger) zu überlassen, soweit sie zu einer Verwertung nicht in der Lage sind oder diese nicht beabsichtigen. Satz 1 gilt auch für Erzeuger und Besitzer von Abfällen zur Beseitigung von Abfällen aus anderen Herkunftsbereichen, soweit sie diese nicht in eigenen Anlagen beseitigen oder überwiegende öffentliche Interessen eine Überlassung erfordern.

(2) Die Überlassungspflicht gegenüber den öffentlich-rechtlichen Entsorgungsträgern besteht nicht, soweit Dritten oder privaten Entsorgungsträgern Pflichten zur Verwertung und Beseitigung nach den §§ 16, 17 oder 18 übertragen worden sind.

(3) Die Überlassungspflicht besteht nicht für Abfälle,

1. die einer Rücknahmepflicht aufgrund einer Rechtsverordnung nach § 24 unterliegen, soweit nicht die öffentlich-rechtlichen Entsorgungsträger aufgrund einer Bestimmung nach § 24 Abs.

2. an der Rücknahme mitwirkten,

2. die durch gemeinnützige Sammlung einer ordnungsgemäßen und schadlosen Verwertung zugeführt werden,

3. die durch gewerbliche Sammlung einer ordnungsgemäßen und schadlosen Verwertung zugeführt werden, soweit dies den öffentlich-rechtlichen Entsorgungsträgern nachgewiesen wird und nicht überwiegend öffentliche Interessen entgegenstehen.

Die Nummern 2 und 3 gelten nicht für besonders überwachungsbedürftige Abfälle, Sonderregelungen der Überlassungspflicht durch Rechtsverordnungen nach den §§ 7 und 24 bleiben unberührt.

(4) Die Länder können zur Sicherstellung der umweltverträglichen Beseitigung Andienungs- und Überlassungspflichten für besonders überwachungsbedürftige Abfälle zur Beseitigung bestimmen. Sie können zur Sicherstellung der umweltverträglichen Abfallentsorgung Andienungs- und Überlassungspflichten für besonders überwachungsbedürftige Abfälle zur Verwertung bestimmen, soweit eine ordnungsgemäße Verwertung nicht anderweitig gewährleistet werden kann. Die in Satz 2 genannten Abfälle zur Verwertung werden von der Bundesregierung durch Rechtsverordnung mit Zustimmung des Bundesrates bestimmt. Andienungspflichten für besonders überwachungsbedürftige Abfälle zur Verwertung, die die Länder bis zum Inkrafttreten dieses Gesetzes bestimmt haben, bleiben unberührt. Soweit Dritten oder privaten Entsorgungsträgern Pflichten zur Entsorgung nach §§ 16, 17 oder 18 übertragen worden sind, unterliegen diese nicht der Andienungs- oder Überlassungspflicht.

§ 14 Duldungspflichten bei Grundstücken

(1) Die Eigentümer und Besitzer von Grundstücken, auf denen überlassungspflichtige Abfälle anfallen, sind verpflichtet, das Aufstellen zur Erfassung notwendiger Behältnisse sowie das Betreten des Grundstücks zum Zwecke des Einsammelns und zur Überwachung der Getrennthaltung und Verwertung von Abfällen zu dulden.

(2) Absatz 1 gilt entsprechend für Rücknahme- und Sammelsysteme, die zur Durchführung von Rücknahmepflichten aufgrund einer Rechtsverordnung nach § 24 erforderlich sind.

§ 15 Pflichten der öffentlich-rechtlichen Entsorgungsträger

(1) Die öffentlich-rechtlichen Entsorgungsträger haben die in ihrem Gebiet angefallenen und überlassenen Abfälle aus privaten Haushaltungen und Abfälle zur Beseitigung aus anderen Herkunftsbereichen nach Maßgabe der §§ 4 bis 7 zu verwerten oder nach Maßgabe der §§ 10 - 12 zu beseitigen. Werden Abfälle aus den in § 5 Abs. 4 genannten Gründen zur Beseitigung überlassen, sind die öffentlich-rechtlichen Entsorgungsträger zur Verwertung verpflichtet, soweit bei ihnen diese Gründe nicht vorliegen.

(2) Die öffentlich-rechtlichen Entsorgungsträger sind von ihren Pflichten zur Entsorgung von Abfällen aus anderen Herkunftsbereichen als privaten Haushaltungen befreit, soweit Dritten oder privaten Entsorgungsträgern Pflichten zur Entsorgung nach den §§ 16, 17 oder 18 übertragen worden sind.

(3) Die öffentlich-rechtlichen Entsorgungsträger können mit Zustimmung der zuständigen Behörde Abfälle von der Entsorgung ausschließen, soweit diese der Rücknahmepflicht aufgrund einer nach § 24 erlassenen Rechtsverordnung unterliegen und entsprechende Rücknahmeeinrichtungen tatsächlich zur Verfügung stehen. Satz 1 gilt auch für Abfälle zur Beseitigung aus anderen Herkunftsbereichen als privaten Haushaltungen, soweit diese nach Art, Menge oder Beschaffenheit nicht mit den in Haushaltungen anfallenden Abfällen beseitigt werden können oder die Sicherheit der umweltverträglichen Beseitigung im Einklang mit den Abfallwirtschaftsplänen der Länder durch einen anderen Entsorgungsträger oder Dritten gewährleistet ist. Die öffentlich-rechtlichen Entsorgungsträger können den Ausschluß von der Entsorgung nach Satz 1 und 2 mit Zustimmung der zuständigen Behörde widerrufen, soweit die dort genannten Voraussetzungen für einen Ausschluß nicht mehr vorliegen.

(4) Die Pflichten nach Absatz 1 gelten auch für Kraftfahrzeuge oder Anhänger ohne gültige amtliche Kennzeichen, wenn diese auf öffentlichen Flächen oder außerhalb im Zusammenhang bebauter Ortsteile abgestellt sind, keine Anhaltspunkte für deren Entwendung oder bestimmungsgemäße Nutzung bestehen und sie nicht innerhalb eines Monats nach einer am Fahrzeug angebrachten, deutlich sichtbaren Aufforderung entfernt worden sind.

§ 16 Beauftragung Dritter

(1) Die zur Verwertung und Beseitigung Verpflichteten können Dritte mit der Erfüllung ihrer Pflichten beauftragen. Ihre Verantwortlichkeit für die Erfüllung der Pflichten bleibt hiervon unberührt. Die beauftragten Dritten müssen über die erforderliche Zuverlässigkeit verfügen.

(2) Die zuständige Behörde kann auf Antrag mit Zustimmung der Entsorgungsträger im Sinne der §§ 15, 17 und 18 deren Pflichten auf einen Dritten ganz oder teilweise übertragen, wenn,

1. der Dritte sach- und fachkundig und zuverlässig ist,

2. die Erfüllung der übertragenen Pflichten sichergestellt ist und

3. keine überwiegenden öffentlichen Interessen entgegenstehen.

Die Pflichtenübertragung der privaten Entsorgungsträger auf Dritte bedarf der Zustimmung der öffentlich-rechtlichen Entsorgungsträger im Sinne des § 15.

(3) Zur Darlegung der Voraussetzungen nach Absatz 2 hat der Dritte insbesondere ein Abfallwirtschaftskonzept vorzulegen.

Das Abfallwirtschaftskonzept hat zu enthalten

1. Angaben über Art, Menge und Verbleib der zu verwertenden oder zu beseitigenden Abfälle,

2. Darstellung der getroffenen und geplanten Maßnahmen zur Verwertung oder zur Beseitigung der Abfälle,

3. Darlegung der vorgesehenen Entsorgungswege für die näch sten fünf Jahre einschließlich der Angaben zur notwendigen Standort- und Anlagenplanung sowie ihrer zeitlichen Abfolge,

4. gesonderte Darstellung der unter Nr. 1 genannten Abfälle bei der Verwertung oder Beseitigung außerhalb der Bundesrepublik Deutschland.

Bei der Erstellung des Abfallwirtschaftskonzepts sind die Vorgaben der Abfallwirtschaftsplanung nach § 29 zu berücksichtigen. Das Abfallwirtschaftskonzept ist entsprechend § 19 Abs. 3 zu erstellen und fortzuschreiben. Nach Ablauf eines Jahres nach der Übertragung der Pflichten ist darüber hinaus entsprechend § 20 Abs. 1 eine Abfallbilanz zu erstellen und vorzulegen.

(4) Die Übertragung ist zu befristen. Sie kann mit Nebenbestimmungen versehen werden, insbesondere unter Bedingungen erteilt und mit Auflagen oder dem Vorbehalt eines Widerrufs verbunden werden.

§ 17 Wahrnehmung von Aufgaben durch Verbände

(1) Die Erzeuger und Besitzer von Abfällen aus gewerblichen sowie sonstigen wirtschaftlichen Unternehmen oder öffentlichen Einrichtungen können Verbände bilden, die von den Erzeugern oder Besitzern von Abfällen mit der Erfüllung ihrer Verwertungs- und Beseitigungspflichten beauftragt werden können. § 16 Abs. 1 Satz 2 und 3 gilt entsprechend.

(2) Die öffentlich-rechtlichen Entsorgungsträger und die Selbstverwaltungskörperschaften der Wirtschaft können auf die Bildung der Verbände hinwirken und sich an ihnen beteiligen.

(3) Die zuständige Behörde kann mit Zustimmung der öffentlich-rechtlichen Entsorgungsträger im Sinne des § 15 den Verbänden auf deren Antrag die Erzeuger- und Besitzerpflichten ganz oder teilweise übertragen, wenn

1. auf andere Weise der Verbandszweck nicht erfüllt werden kann,
2. die Erfüllung der übertragenen Pflichten sichergestellt ist, ins besondere die Sicherheit der Abfallbeseitigung für den übertra genen Aufgabenbereich im Einklang mit den Abfallwirtschaftsplänen der Länder (§ 29) gewährleistet ist und
3. keine überwiegenden öffentlichen Interessen entgegenstehen.

§ 16 Abs. 3 und 4 gilt entsprechend.

(4) Die zuständige Behörde kann den Verband im Rahmen des übertragenen Aufgabenbereichs und Verbandszwecks in einem

ausgewiesenen Gebiet zur Beseitigung aller Abfälle, insbesondere von Abfällen zur Beseitigung weiterer Erzeuger und Besitzer verpflichten, soweit

1. dies zur Wahrung der Belange des Wohles der Allgemeinheit geboten ist und

2. die Erzeuger und Besitzer ihre Pflichten nicht selbst wahrnehmen.

(5) Die Verbände können Gebühren erheben. Die Gebührensatzung bedarf der Genehmigung der zuständigen Behörde.

(6) Für die übertragenen Verwertungs- und Beseitigungspflichten gilt § 15 Abs. 1 und 3 entsprechend. Soweit es zur Erfüllung der übertragenen Pflichten erforderlich ist, bestehen die Überlassungs- und Duldungspflichtigen gegenüber den Verbänden; § 13 Abs. 1 und 3 und § 14 gelten entsprechend. Zur Erfüllung der übertragenen Pflichten können die Verbände von den Erzeugern und Besitzern verlangen, die Abfälle getrennt zu halten und zu bestimmten Sammelstellen oder Behandlungsanlagen zu bringen. Die Befugnis des Erzeugers und Besitzers, die Abfälle selbst zu entsorgen, bleibt unberührt.

§ 18 Wahrnehmung von Aufgaben durch Selbstverwaltungskörperschaften der Wirtschaft

(1) Die Industrie- und Handelskammern, Handwerkskammern und Landwirtschaftskammern (Selbstverwaltungskörperschaften der Wirtschaft) können Einrichtungen bilden, die von den Erzeugern und Besitzern von Abfällen mit der Erfüllung ihrer Verwertungs- und Beseitigungspflichten beauftragt werden können. § 16 Abs. 1 Satz 2 und 3 gilt entsprechend.

(2) Auf Antrag der Selbstverwaltungskörperschaften der Wirtschaft kann die zuständige Behörde den Einrichtungen in einem ausgewiesenen Gebiet die Pflichten der Erzeuger und Besitzer von Abfällen ganz oder teilweise übertragen.
§ 17 Abs. 3 bis 6 gilt entsprechend.

§ 19 Abfallwirtschaftskonzepte

(1) Erzeuger, bei denen jährlich mehr als insgesamt 2.000 kg besonders überwachungsbedürftige Abfälle oder jährlich mehr als 2.000 Tonnen überwachungsbedürftige Abfälle je Abfallschlüssel anfallen, haben ein Abfallwirtschaftskonzept über die Vermeidung, Verwertung und Beseitigung der anfallenden Abfälle zu erstellen. Das Abfallwirtschaftskonzept dient als internes Planungsinstrument und ist auf Verlangen der zuständigen Behörde zur Auswertung für die Abfallwirtschaftsplanung vorzulegen.

Das Abfallwirtschaftskonzept hat zu enthalten:

1. Angaben über Art, Menge und Verbleib der besonders überwachungsbedürftigen Abfälle, überwachungsbedürftigen Ab fälle zur Verwertung sowie der Abfälle zur Beseitigung,

2. Darstellung der getroffenen und geplanten Maßnahmen zur Vermeidung, zur Verwertung und zur Beseitigung von Abfällen,

3. Begründung der Notwendigkeit der Abfallbeseitigung, insbeson dere Angaben zur mangelnden Verwertbarkeit aus den in § 5 Abs. 4 genannten Gründen,

4. Darlegung der vorgesehenen Entsorgungswege für die näch sten fünf Jahre; bei Eigenentsorgern Angaben zur notwendigen Standort- und Anlagenplanung sowie ihrer zeitlichen Abfolge,

5. gesonderte Darstellung des Verbleibs der unter Nr. 1 genannten Abfälle bei der Verwertung oder Beseitigung außerhalb der Bun desrepublik Deutschland.

(2) Bei Erstellung des Abfallwirtschaftskonzeptes sind die Vorgaben der Abfallwirtschaftsplanung nach § 29 zu berücksichtigen.

(3) Das Abfallwirtschaftskonzept ist erstmalig bis zum 31. Dezember 1999 für die nächsten fünf Jahre zu erstellen und alle fünf Jahre fortzuschreiben, soweit die Länder bis zum Inkrafttreten dieses

Gesetzes nichts anderes bestimmt haben. Die zuständige Behörde kann die Vorlage zu einem früheren Zeitpunkt verlangen.
(4) Die Bundesregierung bestimmt nach Anhörung der beteiligten Kreise (§ 60) durch Rechtsverordnung mit Zustimmung des Bundesrates

1. nähere Anforderungen an Form und Inhalt der nach Absatz 1 vorzulegenden Unterlagen,
2. Ausnahmen für bestimmte Abfallarten von den in den Absätzen 1 bis 3 genannten Pflichten,
3. einzelne nicht überwachungsbedürftige Abfälle zur Verwertung, welche in das Abfallwirtschaftskonzept einzubeziehen sind.

(5) Die öffentlich-rechtlichen Entsorgungsträger im Sinne des § 15 haben Abfallwirtschaftskonzepte über die Verwertung und die Beseitigung der in ihrem Gebiet anfallenden und ihnen zu überlassenden Abfälle zu erstellen. Die Anforderungen an die Abfallwirtschaftskonzepte regeln die Länder.

§ 20 Abfallbilanzen

(1) Verpflichtete im Sinne des § 19 Abs. 1 haben jährlich, erstmalig zum 1. April 1998, jeweils für das vorhergehende Jahr eine Bilanz über Art, Menge und Verbleib der verwerteten oder beseitigten besonders überwachungsbedürftigen und überwachungsbedürftigten Abfälle (Abfallbilanz) zu erstellen und auf Verlangen der zuständigen Behörde vorzulegen. § 19 Abs. 1 Satz 3 Nr. 1, 3, 5, Abs. 3 Satz 1, 2. Halbsatz und Abs. 4 findet entsprechende Anwendung.

(2) Die Besitzer von Abfällen aus gewerblichen oder sonstigen wirtschaftlichen Unternehmen oder öffentlichen Einrichtungen sind den Verpflichteten im Sinne des Absatzes 1 Satz 1 zur Auskunft verpflichtet, soweit sie diesen Abfälle überlassen haben.

(3) Die öffentlich-rechtlichen Entsorgungsträger im Sinne des § 15 haben Abfallbilanzen entsprechend Absatz 1 zu erstellen. Die Anforderungen an die Abfallbilanzen regeln die Länder.

§ 21 Anordnungen im Einzelfall

(1) Die zuständige Behörde kann im Einzelfall die erforderlichen Anordnungen zur Durchführung dieses Gesetzes und der auf Grund dieses Gesetzes erlassenen Rechtsverordnungen treffen.

(2) Die zuständige Behörde kann anordnen, daß Verpflichtete im Sinne des § 19 Abs. 1 einen von der zuständigen Obersten Landesbehörde bekanntgegebenen Sachverständigen mit der Prüfung von Abfallwirtschaftskonzepten und Abfallbilanzen nach den §§ 19 und 20 beauftragen.

(3) Werden Abfallwirtschaftskonzepte oder Abfallbilanzen nicht, nicht den Anforderungen entsprechend oder nicht rechtzeitig erstellt, kann die zuständige Behörde dies beanstanden und dem Verpflichteten eine angemessene Frist zur Nachbesserung einräumen.

Dritter Teil. Produktverantwortung

§ 22 Produktverantwortung

(1) Wer Erzeugnisse entwickelt, herstellt, be- und verarbeitet oder vertreibt, trägt zur Erfüllung der Ziele der Kreislaufwirtschaft die Produktverantwortung. Zur Erfüllung der Produktverantwortung sind Erzeugnisse möglichst so zu gestalten, daß bei deren Herstellung und Gebrauch das Entstehen von Abfällen vermindert wird und die umweltverträgliche Verwertung und Beseitigung der nach deren Gebrauch entstandenen Abfälle sichergestellt ist.

(2) Die Produktverantwortung umfaßt insbesondere

1. die Entwicklung, Herstellung und das Inverkehrbringen von Erzeugnissen, die mehrfach verwendbar, technisch langlebig und nach Gebrauch zur ordnungsgemäßen und schadlosen Verwertung und umweltverträglichen Beseitigung geeignet sind,

2. den vorrangigen Einsatz von verwertbaren Abfällen oder se kundären Rohstoffen bei der Herstellung von Erzeugnissen,

3. die Kennzeichnung von schadstoffhaltigen Erzeugnissen, um die umweltverträgliche Verwertung oder Beseitigung der nach Gebrauch verbleibenden Abfälle sicherzustellen,

4. den Hinweis auf Rückgabe-, Wiederverwendungs- und Verwertungsmöglichkeiten oder -pflichten und Pfandregelungen durch Kennzeichnung der Erzeugnisse und

5. die Rücknahme der Erzeugnisse und der nach Gebrauch der Erzeugnisse verbleibenden Abfälle sowie deren nachfolgende Verwertung oder Beseitigung.

(3) Im Rahmen der Produktverantwortung nach Absatz 1 und 2 sind neben der Verhältnismäßigkeit der Anforderungen entsprechend § 5 Abs. 4, die sich aus anderen Rechtsvorschriften ergebenden Regelungen zur Produktverantwortung und zum Schutz der Umwelt sowie die Festlegungen des Gemeinschaftsrechts über den freien Warenverkehr zu berücksichtigen.

(4) Die Bundesregierung bestimmt durch Rechtsverordnungen auf Grund der §§ 23 und 24, welche Verpflichtungen die Produktverantwortung nach Absatz 1 und 2 zu erfüllen haben. Sie legt zugleich fest, für welche Erzeugnisse und in welcher Art und Weise die Produktverantwortung wahrzunehmen ist.

§ 23 Verbote, Beschränkungen und Kennzeichnungen

Zur Festlegung von Anforderungen nach § 22 wird die Bundesregierung ermächtigt, nach Anhörung der beteiligten Kreise (§ 60) durch Rechtsverordnung mit Zustimmung des Bundesrates zu bestimmen, daß

1. bestimmte Erzeugnisse, insbesondere Verpackungen und Be hältnisse nur in bestimmter Beschaffenheit oder für bestimmte Verwendungen, bei denen eine ordnungsgemäße Verwertung

oder Beseitigung der anfallenden Abfälle gewährleistet ist, in Verkehr gebracht werden dürfen,

2. bestimmte Erzeugnisse überhaupt nicht in Verkehr gebracht werden dürfen, wenn bei ihrer Entsorgung die Freisetzung schäd licher Stoffe nicht oder nur mit unverhältnismäßig hohem Aufwand verhindert werden könnte oder die umweltverträgliche Entsorgung nicht auf andere Weise sichergestellt werden kann,

3. bestimmte Erzeugnisse nur in bestimmter, die Abfallentsorgung spürbar entlastender Weise, insbesondere in einer die mehrfa che Verwendung oder die Verwertung erleichternden Form in Verkehr gebracht werden dürfen,

4. bestimmte Erzeugnisse in bestimmter Weise zu kennzeichnen sind, um insbesondere die Erfüllung der Grundpflichten nach § 5 nach Rücknahme zu sichern (Kennzeichnungspflicht),

5. bestimmte Erzeugnisse wegen des Schadstoffgehaltes der nach bestimmungsgemäßem Gebrauch in der Regel verbleibenden Abfälle nur mit einer Kennzeichnung in den Verkehr gebracht werden dürfen, die insbesondere auf die Notwendigkeit einer Rückgabe an Hersteller, Vertreiber oder bestimmte Dritte hinweist, mit der die erforderliche besondere Verwertung oder Beseitigung sichergestellt wird.

6. für bestimmte Erzeugnisse, für die eine Rücknahme- oder Rück gabepflicht nach § 24 verordnet wurde, an der Stelle der Abga be oder des Inverkehrbringens auf die Rückgabemöglichkeit hinzuweisen ist oder die Erzeugnisse entsprechend zu kenn zeichnen sind,

7. bestimmte Erzeugnisse, für die die Erhebung eines Pfandes nach § 24 verordnet wurde, entsprechend zu kennzeichnen sind, gegebenenfalls mit Angabe der Höhe des Pfandes.

§ 24 Rücknahme- und Rückgabepflichten

(1) Zur Festlegung von Anforderungen nach § 22 wird die Bundesregierung ermächtigt, nach Anhörung der beteiligten Kreise (§ 60)

durch Rechtsverordnung mit Zustimmung des Bundesrates zu bestimmen, daß Hersteller oder Vertreiber

1. bestimmte Erzeugnisse nur bei Eröffnung einer Rückgabe möglichkeit abgeben oder in Verkehr bringen dürfen.

2. bestimmte Erzeugnisse zurücknehmen und die Rückgabe durch geeignete Maßnahmen, insbesondere durch Rücknahme systeme oder durch Erhebung eines Pfandes, sicherzustellen haben,

3. bestimmte Erzeugnisse an der Abgabe- oder Anfallstelle zurück zunehmen haben,

4. gegenüber dem Land, der zuständigen Behörde oder den Entsorgungsträgern im Sinne der §§ 15, 17 oder 18 Nachweis zu führen über Art, Menge, Verwertung und Beseitigung der zurückgenommenen Abfälle, Belege einzubehalten und aufzu bewahren und auf Verlangen vorzuzeigen haben.

(2) In einer Rechtsverordnung nach Absatz 1 kann zur Festlegung von Anforderungen nach § 22 sowie zu ergänzenden Festlegung von Pflichten der Erzeuger und Besitzer von Abfällen und der Entsorgungsträger im Sinne der §§ 15, 17 und 18 im Rahmen der Kreislaufwirtschaft weiter bestimmt werden,

1. wer die Kosten für die Rücknahme, Verwertung und Beseitigung der zurücknehmenden Erzeugnisse zu tragen hat,

2. daß die Besitzer von Abfällen diese dem nach Absatz 1 ver pflichteten Hersteller oder Vertreiber zu überlassen haben,

3. die Art und Weise der Überlassung, einschließlich der Maßnah men im Sinne des § 4 Abs. 5 zum Bereitstellen, Sammeln und Befördern sowie Bringpflichten der unter Nr. 1 genannten Besitzer,

4. daß die Entsorgungsträger im Sinne der §§ 15, 17 und 18 durch Erfassung der Abfälle als ihnen übertragene Aufgabe bei der Rücknahme mitzuwirken und die erfaßten Abfälle dem nach Ab satz 1 Verpflichteten zu überlassen haben.

§ 25 Freiwillige Rücknahme

(1) Die Bundesregierung kann für die freiwillige Rücknahme von Abfällen nach Anhörung der beteiligten Kreise (§ 60) Zielfestlegungen treffen, die innerhalb einer angemessenen Frist zu erreichen sind. Sie veröffentlicht die Festlegungen im Bundesanzeiger.

(2) Hersteller und Vertreiber, die Abfälle zur Beseitigung, überwachungs- oder besonders überwachungsbedürftige Abfälle zur Verwertung freiwillig zurücknehmen, haben dies der zuständigen Behörde anzuzeigen. Die für die Entgegennahme der Anzeige zuständige Behörde soll von Verpflichtungen nach § 49 sowie Nachweispflichten nach den §§ 43 und 46 Befreiungen erteilen, soweit durch die freiwillige Rücknahme die Ziele der Kreislaufwirtschaft nach den §§ 4 und 5 gefördert werden und die ordnungsgemäße Verwertung und Beseitigung der zurückgenommenen Abfälle in anderer geeingeter Weise nachgewiesen wird.

§ 26 Besitzerpflichten nach Rücknahme

Hersteller und Vertreiber, die Abfälle aufgrund einer Rechtsverordnung nach § 24 oder freiwillig zurücknehmen, unterliegen den Pflichten eines Besitzers von Abfällen nach den §§ 5 und 11.

9.2 Verbände

BDE
Bundesverband der Deutschen Entsorgungswirtschaft e.V.
Hauptstraße 305, 51143 Köln,

BDS
Bundesverband der Deutschen Stahl-Recyclingwirtschaft e.V.
Graf-Adolf-Straße 12, 40212 Düsseldorf

BPS
Bundesverband Sonderabfallwirtschaft e.V.
Am Weiher 11, 53229 Bonn

GAZ
Gesellschaft für Akkreditierung und Zertifizierung e.V.
Sohnstraße 65, 40237 Düsseldorf

GKV
Gesamtverband kunststoffverarbeitender Industrie e.V.
Am Hauptbahnhof 12, 60329 Frankfurt am Main

VDE
Verband Deutscher Elektrotechniker e.V.
Stresemannallee 15, 60596 Frankfurt am Main

VDMA
Verband Deutscher Maschinen- und Anlagenbau e.V.
Lyonerstraße 18, 60528 Frankfurt am Main

VKE
Verband kunststofferzeugender Industrie e.V.
Karlstraße 21, 60329 Frankfurt am Main

ZVEI
Zentralverband Elektrotechnik und Elektronikindustrie e.V.
Postfach 701261, 60591 Frankfurt am Main

10 Sachwortverzeichnis

M

N

P

Q

R

S

T

Springer-Verlag und Umwelt

Als internationaler wissenschaftlicher Verlag sind wir uns unserer besonderen Verpflichtung der Umwelt gegenüber bewußt und beziehen umweltorientierte Grundsätze in Unternehmensentscheidungen mit ein.

Von unseren Geschäftspartnern (Druckereien, Papierfabriken, Verpackungsherstellern usw.) verlangen wir, daß sie sowohl beim Herstellungsprozeß selbst als auch beim Einsatz der zur Verwendung kommenden Materialien ökologische Gesichtspunkte berücksichtigen.

Das für dieses Buch verwendete Papier ist aus chlorfrei bzw. chlorarm hergestelltem Zellstoff gefertigt und im pH-Wert neutral.